Christian Ahr

Erfolgreicher Unternehmensverkauf

Christian Ahr

Erfolgreicher Unternehmensverkauf

Typische Stolperfallen, die Sie vermeiden sollten

Mentoren-Verlag

Bibliografische Information der Deutschen Nationalbibliothek
Die Deutsche Nationalbibliothek verzeichnet diese Publikation in der Deutschen Nationalbibliografie; detaillierte bibliografische Daten sind im Internet über http://dnb.d-nb.de abrufbar.

1. Auflage

Königsberger Str. 16, 55218 Ingelheim am Rhein

Lektorat: Sarah Küper, Mainz
Korrektorat: Deniz S. Özdemir, Mainz
Umschlaggestaltung: Nadine Nagel, Mainz
Umschlagsfoto: insta_photos (Adobe Stock # 604456744)
Autorenfoto: Anna Krol, Aarau
Satz und Layout: Sarah Küper, Mainz
Druck und Bindung: MCP, Marki, Polen

ISBN: 978-3-98641-083-4

www.mentoren-verlag.de

Für Ann-Catherine und Marie-Christine,
die emotionalsten Verhandlerinnen, denen ich je begegnet bin.

Inhaltsverzeichnis

Warum ich diesen Ratgeber für Sie geschrieben habe

Seit einigen Jahren passiert eine große Konzentration am Markt. Finanzkräftige Firmen kaufen vermehrt andere Firmen auf, um Marktanteile zu gewinnen und um sich neue Technologien zu sichern. Firmeninhaber von kleinen und mittleren Unternehmen werden spontan angefragt, ob sie Interesse am Verkauf ihres Unternehmens hätten. Die Verlockung des schnellen Geldes durch den Verkauf trifft den Unternehmer aber meist unvorbereitet, weshalb ich es Ihnen ans Herz lege, sich rechtzeitig ein Bild davon zu machen, wie ein Verkaufsprozess aussieht und worauf Sie unbedingt achten sollten.

Auch unabhängig von einem Kaufangebot stehen inhabergeführte klein- und mittelständische Unternehmen früher oder später nicht nur aus Altersgründen vor der Frage, wie die Unternehmensnachfolge geregelt werden kann. Eine Lösung ist der Verkauf des eigenen Unternehmens. Es ist für viele Unternehmer eine einmalige, wichtige und emotionale Aufgabe, die besonders in der aktuellen Zeit sehr herausfordernd ist.

»Wenn ich das alles vorher gewusst hätte …« Dieser Satz ist mir in meiner beruflichen Tätigkeit in den letzten Jahren immer wieder begegnet. Aus diesem Grund habe ich die Ärmel hochgekrempelt, mich an den Schreibtisch gesetzt und mir die Zeit und Energie genommen, um mein Wissen und meine Erfahrungen für Sie zusammenzufassen.

Mein Wunsch und Ziel ist es, Ihnen auf den folgenden Seiten auf eine leicht verständliche Art und Weise einen umfassenden Leitfaden an die Hand zu geben, der Sie gründlich auf alles Kommende vorbereitet – oder der Ihnen zumindest den Weg zu einer klaren Entscheidung ebnet. Für oder auch gegen den Verkauf Ihres Unternehmens.

Spagat zwischen Herzblut und nackten Zahlen

In den Medien hört man vor allem von den großen Unternehmenszusammenschlüssen (z. B. Vodafone/Mannesmann, Bayer/Monsanto, ChemChina/Syngenta). Dabei werden fast unvorstellbar hohe Summen genannt, die für andere Firmen gezahlt werden.

Man kann sich vorstellen, dass solche Deals sehr professionell über die Bühne gehen. Sei es mithilfe der M&A-Experten aus dem eigenen Haus oder unter Hinzunahme externer Spezialisten. Eines ist allen gemeinsam: Sie wissen prozessual sehr genau, worauf auf dem Weg bis zur Vertragsunterzeichnung zu achten ist, welche Informationen ausgetauscht werden müssen und welche Klauseln die Verträge beinhalten sollten.

Es ist für die Experten häufig ein technischer Prozess. Emotionen gibt es bestenfalls, wenn es ums Feilschen geht, denn jeder will am Ende als Sieger dastehen, der für seine Seite das vermeintlich bessere Ergebnis herausgeholt hat. Aber keine Sorge, auch der andere weiß ganz genau, wie er den Deal so verkauft, dass er wie ein Gewinner aussieht.

Doch die Megadeals zwischen zwei großen Konzernen sind eher die Ausnahme als die Regel. In den meisten Fällen werden mittelständische Unternehmen verkauft. Unternehmen, die also heute noch inhabergeführt sind und mit viel Herzblut und Verantwortungsbewusstsein geleitet werden. Es ist völlig klar, dass ein Firmenverkauf für einen solchen Inhaber eben nicht ein technischer Prozess ist, sondern eine sehr emotionale Angelegenheit. Schließlich ist es oft das erste und einzige Mal, dass das eigene »Baby« verkauft wird und man sich von ihm trennt.

Wenn Sie ein ausführliches M&A-Handbuch suchen, das Ihnen sehr detailliert und trocken den M&A-Prozess erklärt, dann sind Sie hier falsch. Hierzu ist bereits einiges an Literatur geschrieben worden. Einige Buchtitel finden Sie in meinem Literaturverzeichnis, die ich auch durchaus empfehlen kann.

Dieses Buch wendet sich vielmehr an Inhaber von KMUs und mittelständischen Unternehmen, die sich früher oder später mit dem Thema *Nachfolgeplanung* befassen. Sie bekommen hier konkrete Einblicke, wie der Verkaufsprozess in der Regel abläuft. Dieser Prozess beginnt mit dem ersten Kontakt zu einem potenziellen Käufer und endet mit der Übergabe des Unternehmens im Gegenzug zur Zahlung des Kaufpreises. Bleibt der Unternehmer danach noch für eine gewisse Zeit im Unternehmen, so kann der Abschluss auch erst mit dem endgültigen Ausscheiden aus dem Unternehmen stattfinden.

Häufig herrscht ein Ungleichgewicht zwischen demjenigen, der sein Lebenswerk verkauft, und dem Käufer, der häufig schon große Erfahrung auf diesem Gebiet hat oder schon längst professionelle Hilfe in Anspruch nimmt. Deshalb ist es auch wichtig für Sie zu verstehen, wie die Käuferschaft tickt. Darauf werden wir immer wieder in diesem Buch eingehen.

Dies noch vorweg: Sie stoßen in diesem Buch schon recht früh auf die ersten Fremdwörter. Dafür entschuldige ich mich. Diese Begriffe werden erst im Laufe des Buches genauer beschrieben. Wer es schon früher verstehen möchte, der sei auf das Glossar am Ende des Buches verwiesen.

Für einen erfolgreichen Verkauf Ihres Unternehmens wünsche ich Ihnen alles Gute.

Hinweis:
Aus Gründen der besseren Lesbarkeit wird in diesem Buch bei Personenbezeichnungen und personenbezogenen Hauptwörtern die männliche Form (das generische Maskulinum) verwendet. Sämtliche Angaben beziehen sich jedoch selbstverständlich auf Angehörige aller Geschlechter.

Wie das Buch aufgebaut ist

Auf einen Blick

Die ersten sechs Kapitel führen Sie Schritt für Schritt durch den theoretischen Ablauf eines Verkaufsprozesses.

Das siebte Kapitel skizziert 33 typische Stolperfallen und Fehler, die Sie kennen und vermeiden sollten. Wenn Sie ein ungeduldiger Leser sind oder sich schnell einen Überblick verschaffen möchten, erfahren Sie hier direkt, worauf es ankommt.

Das achte Kapitel gibt Ihnen in neun Erfahrungsberichten einen umfassenden Blick hinter die Kulissen: Unternehmer, die ihr Unternehmen bereits verkauft haben bzw. als Käufer auf der anderen Seite stehen, berichten offen und ehrlich von ihren Erfahrungen und Learnings im Verkaufsprozess.

Die Inhalte im Detail: Der Verkaufsprozess in der Theorie

Im ersten Teil dieses Buches erfahren Sie in kompakter Weise, wie der typische Prozess einer M&A-Transaktion laut Lehrbuch und häufig angewandter Praxis gegliedert ist. Für die Phasen der Transaktion werden die folgenden Begrifflichkeiten (in Anlehnung an Klein) verwendet:

Die erste Phase, **Mentale Vorbereitung**, stellt Ihnen die Frage nach dem »Warum« des Verkaufs und »An wen?«. Dieser Abschnitt gibt erste Impulse, was Sie bereits vor dem Verkauf angehen sollten und wie die Zeit nach dem Verkauf aussehen könnte.

Phase 2, die **Interne Vorbereitung**, umfasst die persönliche Bestandsaufnahme und die Analyse des eigenen Unternehmens, aber auch das Herstellen einer Eigentümerstruktur, die einen möglichst steuereffizienten Verkauf ermöglicht (z. B. Kapitalgesellschaft statt Personengesellschaft) sowie die Entwicklung einer geeigneten M&A-Strategie, die Sondierung potenzieller Investoren und die Erstellung aussagekräftiger Verkaufsunterlagen.

In der dritten Phase, der **Investorensuche**, werden potenzielle Investoren diskret und mit Zusendung eines anonymen Teasers angesprochen, ob generelles Interesse an einem Kauf besteht. Eingehende indikative Angebote, die auf der Basis eines sog. *Information Memorandum* erstellt wurden, werden auf Verkäuferseite bewertet. Spätestens in dieser Phase werden auch die detaillierten Unterlagen für die *Due Diligence* (DD) vorbereitet und in einem virtuellen Datenraum hochgeladen.

Nach Sondierung der erhaltenen unverbindlichen Angebote und der Festlegung auf die wahrscheinlichsten Käufer beginnt die dritte Phase, die **Transaktionsgestaltung**. Es finden erste Gespräche auf Managementstufe zwischen Verkäufer und Kaufinteressenten statt. Anschließend erhalten ausgewählte potenzielle Investoren die Möglichkeit, das Unternehmen im Rahmen einer Due Diligence zu prüfen und die daraus entstehenden Fragen zu klären. Nach Abschluss der Due Diligence werden die erhaltenen verbindlichen Angebote vom Verkäufer bewertet. Parallel dazu beginnen bereits die Vertragsverhandlungen.

Die vierte Phase, die **Transaktion**, bereitet Sie intensiv auf die Due Diligence vor sowie auf die anstehenden Gespräche, erste Angebote, den Kaufvertrag und Ihre Eigenschaften als Verhandler.

In Phase 5 geht es dann an die **Umsetzung**: Sie befasst sich mit der Vertragsunterzeichnung (*Signing*) und der Zeit bis zur

Eigentumsübertragung (*Closing*), in der es typischerweise noch einige Bedingungen zu erfüllen gibt.

Der Verkaufsprozess kann unterschiedlich lange dauern. Konzerne schaffen es mitunter, Deals innerhalb von vier bis sechs Monaten abzuschließen. Dieser Prozess kann bei Verkäufen eines mittelständischen Unternehmens wesentlich länger dauern oder sich auf andere Art gestalten. Auf die Gründe gehen wir später noch ein.

Phase 6, die **Post Merger Integration**, beschäftigt sich mit der oft unterschätzten Zeit nach dem Deal. Sie kann bis zu mehreren Wochen dauern und sollte sorgfältig vorbereitet werden.

33 Tipps aus der Praxis in kompakter Form

Im zweiten Teil des Buches habe ich Ihnen in knapper, übersichtlicher Form typische Stolpersteine eines M&A-Prozesses zusammengestellt, die Sie als Verkäufer eines KMU erleben könnten. Wenn Sie sich die Theorie in Teil 1 und die spannenden Erfahrungsberichte entgehen lassen wollen, dann lesen Sie nur diesen Teil und Sie haben bereits einen guten Überblick, was Sie erwarten könnte.

Praxisberichte von Unternehmern, die es schon getan haben

Im dritten Teil des Buches erfahren Sie anhand von realen Praxisbeispielen und Erfahrungsberichten mit Unternehmern, die bereits verkauft haben, welche Gedanken diese sich im Laufe des Prozesses gemacht haben, welche Gefühlsschwankungen sie erlebt haben und welche Punkte eine Transaktion fast zum Scheitern gebracht hätten. Keine Geschichte gleicht der anderen und Sie werden lehrreiche Einblicke gewinnen, wie andere diese »Reise« schon vor Ihnen erlebt haben.

Ich kann Ihnen nach dem Lesen dieses Buches nicht garantieren, dass Sie nicht doch Überraschungen erleben werden. Sie werden aber sicherlich von vielen Überraschungen dann schon einmal gehört haben.

Also legen wir los.

Phase 1
Mentale Vorbereitung – geben Sie zuerst das Ruder oder den Löffel ab?

»Unterschätzen Sie nicht den Aufwand für die Vorbereitung des Firmenverkaufs. Die Vorbereitung läuft parallel zum Tagesgeschäft und beides ist sehr zeitintensiv.«

Ich gehe davon aus, dass Sie dieses Buch in den Händen halten, weil Sie sich mit dem Thema *Nachfolgeplanung* für Ihr Unternehmen beschäftigen. Das ist gut, denn viele Unternehmer tun dies zu spät oder gar nicht. In welcher Lebensphase befinden Sie sich denn gerade? Sind Sie erfolgreich, erfreuen sich bester Gesundheit und schauen schon heute, was in zehn Jahren mit Ihrem Unternehmen passieren soll? Oder gibt es aktuelle Ereignisse, die Sie nun verstärkt dazu drängen, in kurzer Zeit alles hinter sich lassen zu können? Oder sind Sie gar spontan angesprochen worden, ob Sie Interesse hätten, Ihr Unternehmen zu verkaufen?

Warum beabsichtige ich eigentlich auszusteigen?

Warum Sie Ihr Unternehmen abgeben möchten und sich jetzt damit befassen, wissen Sie viel besser als ich. Aber je nach Grund gibt es unterschiedliche Herangehensweisen an das Thema.

Die Gründe für Ihre Nachfolgeplanung können sein:

- Das Alter
- Die eigene Gesundheit
- Die Erwartungen an das eigene zukünftige Leben
- Äußere Markteinflüsse
- Interessantes Angebot / Attraktive Gelegenheit für den Ausstieg
- Lust auf etwas Neues
- Kasse machen

Können Sie sich überhaupt schon vorstellen, von heute mit 50 Arbeitsstunden in der Woche auf 24 Stunden Freizeit pro Tag herunterzufahren? Inwieweit definieren Sie sich heute über Ihr Unternehmen und was macht das mit Ihnen, wenn die »große Bühne« von heute auf morgen weg ist? Haben Sie Hobbys, die Ihnen auch Spaß machen, wenn Sie nun noch mehr Zeit dafür haben? Oder haben Sie eine Familie, die Sie auffängt und Sie nicht lieber zum Teufel jagt, weil Sie nun so viel Zeit zu Hause verbringen?

Ich vermute, dass sich die vorrangige Motivation verkaufender Inhaber mit Ihren Vorstellungen größtenteils deckt: das Unternehmen in guten Händen zu wissen und das Erzielen eines hohen Verkaufserlöses. Ob Sie als Unternehmer danach noch weiter in »Ihrem« Unternehmen arbeiten können und möchten, liegt an Ihren persönlichen Präferenzen und den Wünschen des Käufers.

Ein Käufer Ihres Unternehmens könnte ein Interesse daran haben, dass Sie als Know-how-Träger und Integrationsfigur dazu beitragen, dass die Übernahme und gegebenenfalls Integration in ein neues Firmenkonstrukt reibungslos funktioniert, dass die Mitarbeitenden sich weiterhin wohlfühlen und dass das Geschäft mindestens genauso erfolgreich weiterläuft wie vor dem Verkauf. Das klingt zwar einfach, doch wir werden später noch sehen, wo hier die Stolpersteine liegen.

Grundsätzlich ist zu unterscheiden, ob Sie das Unternehmen in der eigenen Familie an einen Nachfolger übergeben oder ob es zu einem Verkauf kommt.

Kann ich das Unternehmen innerhalb der Familie übergeben?

Gibt es einen geeigneten Kandidaten in der Familie, sind folgende Punkte für eine erfolgreiche Übergabe rechtzeitig zu lösen:

- **Tragbarkeit der Pensionierung**: Sind Sie auf einen Verkaufserlös angewiesen oder haben Sie in der Vergangenheit bereits genügend Vermögen aus dem Unternehmen gezogen, sodass Sie Ihre Pensionierung finanzieren können?
- **Realistische Firmenbewertung**: Muss der familiäre Nachfolger für die Übernahme des Unternehmens einen Kaufpreis bezahlen, so ist vorher ein realistischer Wert zu ermitteln. Ein zu hoher Wert kann die Übernahme erheblich erschweren.
- **Finanzierung klären**: Banken finanzieren in der Regel 40-60 Prozent des Kaufpreises, wenn sie die Wertermittlung für das Unternehmen als realistisch ansehen. Den Rest müsste der familiäre Nachfolger übernehmen. Da dies oftmals die finanziellen Möglichkeiten übersteigt, können Sie Ihrem Nachfolger ein Darlehen gewähren. Gut für den Nachfolger, risikobehaftet für Sie, da Sie im Ernstfall im Rang hinter den Banken

zurückstehen und ggf. Ihr Darlehen nicht zurückbezahlt bekommen.

- **Nachlass planen**: Haben Sie mehrere Erbberechtigte, so sind alle fair zu behandeln, ohne den Fortbestand des Unternehmens zu gefährden. Dies ist frühzeitig zu planen, damit es nicht zu ungewollten Streitigkeiten innerhalb der Familie kommt.

Das sind nur einige wenige Punkte zur Firmenübergabe in der eigenen Familie. Für detailliertere Informationen wird auf weitergehende Literatur verwiesen.

Was muss ich vor einem Unternehmensverkauf frühzeitig angehen?

Der typische Grund für den Verkauf eines mittelständischen Unternehmens ist das Fehlen eines familiären Nachfolgers, der das Geschäft weiterführen kann und auch möchte. Deshalb kommt es dann zu einem Verkauf des Unternehmens an Dritte.

Oft wird das Thema *Nachfolgeregelung* vom Unternehmer verdrängt. Eine zu späte Planung kann aber die Umsetzung einer kosten- und risikooptimierten Nachfolgeregelung erschweren und die möglichen Handlungsoptionen einschränken. Eine gezielte Vorbereitung ist also ein entscheidender Erfolgsfaktor für eine gut funktionierende Nachfolgeregelung.

Verantwortungsbewusste Unternehmer sollten deshalb darauf achten, den eigenen Austritt und ihre Nachfolge frühzeitig zu planen. Denn die Planung und Umsetzung sollte idealerweise schon zehn Jahre vor dem geplanten Austritt beginnen. Mit Recht werden Sie einwenden, dass Sie heute noch nicht einmal wissen, was in zwei, drei oder fünf Jahren ist, geschweige denn in zehn Jahren. Aber heute schon zu wissen, was in Zukunft wichtig ist, hilft Ihnen, auf dem Weg dorthin Fehler zu vermeiden.

Als Unternehmer ist man oft getrieben, möglichst **steueroptimiert** zu agieren. Wer will dem Staat schon freiwillig mehr Steuern zahlen, als er muss? Man zahlt sich selbst möglichst wenig Lohn und Dividende aus, um die private Steuerschuld so tief wie möglich zu halten. Die nicht betriebsnotwendige Liquidität im Unternehmen steigt und Bewertungen auf der Bilanz werden steueroptimiert vorgenommen, um den Gewinn möglichst niedrig ausweisen zu können. So werden Anlagen und Ihr Lager möglichst tief, Ihre Verbindlichkeiten möglichst hoch bewertet. Dies führt jedoch zu stillen Reserven, deren spätere Auflösung unvermeidbar ist. Sie verlagern Ihre Steuerschuld einfach in spätere Jahre. Eventuell sind auch privat genutzte Liegenschaften oder nicht betriebsnotwendige Grundstücke im Geschäftsvermögen enthalten. Dass das eigentlich nichts in der Geschäftsbilanz zu suchen hat, muss ich an dieser Stelle nicht betonen.

In Summe machen all diese Maßnahmen Ihr Unternehmen aufwändig bzw. teuer. Das heißt, ein potenzieller Käufer muss wesentlich mehr Geld in die Hand nehmen, um Ihnen Ihre Firma zu einem angemessenen Preis abkaufen zu können. Außerdem wird dadurch ein objektiver Blick auf den Unternehmenswert erschwert. Ein externer Bilanzleser muss erst einmal all diese Steueroptimierungen herausrechnen, um auf den wahren Unternehmenswert zu kommen (wie dieser berechnet wird, sehen wir weiter hinten). Um es dem Käufer zu erleichtern, lassen Sie nur diejenigen Assets in der Firma, die auch wirklich betriebsnotwendig sind. Das bedeutet nicht, dass Sie komplett auf Steueroptimierung verzichten müssen.

Hat Ihr Unternehmen schon die **richtige Rechtsform?** Hier kann man keine allgemeingültigen Aussagen treffen, die für alle deutschsprachigen Länder gleichermaßen gelten. Denn es gibt große Differenzen zwischen den häufig genutzten Rechtsformen und den damit verbundenen steuerlichen Implikationen in den einzelnen Ländern.

Für die Schweiz gilt: Wenn Sie noch eine Einzelfirma, Kollektiv- oder Kommanditgesellschaft haben, sollten Sie mindestens fünf Jahre vor einem Verkauf die Rechtsform auf eine AG oder GmbH überführen. Das hat mehrere Vorteile. Sie sind zum einen freier mit der Ausgestaltung Ihrer Pensionskassenlösung (siehe nächster Punkt) und zum anderen ist der Verkauf einer AG bzw. GmbH steuerfrei, da die Wertzunahme als Kapitalgewinn angesehen wird. Bei den anderen Rechtsformen wird der Wertzuwachs bei einem Verkauf als zu versteuerndes Einkommen angesehen.

Für Deutschland gilt: Hier kennt man keine steuerbefreiten Kapitalgewinne beim Verkauf des eigenen Unternehmens. Das bedeutet aber auch, dass die Rechtsform, die verkauft wird, weniger entscheidend ist für diesen Punkt. Das deutsche Steuersystem ist bezüglich Unternehmensverkauf recht komplex und kennt diverse steuerliche Erleichterungen (Gronauer, 2017, S. 135ff.). Es sei hier auf Fachliteratur oder den Steuerexperten verwiesen.

Zahlen Sie das **Maximum in Ihre Pensionskasse** ein. Dadurch sparen Sie Steuern und das ist gleichzeitig wichtig für Ihre Altersvorsorge. Lassen Sie sich beraten, ob es sinnvoll wäre, zusätzliche Kader-Pensionskassenpläne o. Ä. einzuführen, um noch einmal mehr und steueroptimiert in die Altersvorsorge einzahlen zu können.

Trennen Sie Ihr geschäftliches und privates Vermögen. Zahlen Sie sich mindestens marktübliche Löhne und Dividenden aus. Überführen Sie Liegenschaften vom operativen Betrieb ins Privatvermögen oder in eine separate Gesellschaft.

Will ich danach noch weiterarbeiten?

Das ist eine wichtige Frage, über die Sie sich im Vorfeld klar sein sollten. Können Sie es sich nach dem Verkauf schon leisten, mit dem Arbeiten aufzuhören? Möchten Sie überhaupt noch in Ihrem Unternehmen weiterarbeiten, wenn Sie nicht mehr der Eigentümer sind? Welche Alternativen hätten Sie? Und was machen Sie, wenn es eine Bedingung des Käufers ist, dass Sie noch für eine bestimmte Zeit im Unternehmen bleiben?

Viele dieser Fragen müssen Sie sich selbst beantworten bzw. ein Gefühl dafür bekommen, in welche Richtung es gehen kann. Aber was es bedeutet, nach dem Verkauf im Unternehmen zu bleiben, lesen Sie in den Erfahrungsberichten ehemaliger Unternehmer.

Phase 2
Interne Vorbereitung – so machen Sie Ihr Unternehmen »fit for transaction«

»Man muss sehen, dass sich die Transaktionsmechanismen in den letzten Jahren stark professionalisiert haben. Das bedeutet auch, dass die Kluft zwischen ›Unternehmer verkauft sein Lebenswerk‹ und den professionellen bzw. professionalisierten Käufern immer größer geworden ist. Umso wichtiger ist es, dass sich ein Verkäufer frühzeitig und professionell beraten lässt.«

Die Art der internen Vorbereitung für den Verkauf des eigenen Unternehmens ist abhängig davon, ob Sie den Verkauf von langer Hand planen oder spontan auf eine Kaufanfrage eines Interessenten anspringen. Mit einem spontanen Verkauf ist jene Situationen gemeint, wenn ein Unternehmer aktiv von einem Kaufinteressenten angesprochen wird und daraus ein Deal entsteht. Solche Anfragen schmeicheln mitunter einem Unternehmer, aber sie treffen ihn unvorbereitet. Deshalb ist es ratsam, sich von Beginn an externe Unterstützung zu holen.

Außerdem hängt der Aufwand für die Vorbereitung davon ab, ob Sie sich bei der Wahl der potenziellen Käufergruppe schon eingeschränkt haben oder nicht. Wenn Sie z. B. ein sog. *Management-Buy-Out* machen, werden Sie wohl wesentlich weniger vorbereiten müssen als beim Verkauf an einen Finanzinvestor. Sie werden im Weiteren selbst feststellen, ob dieser Vorbereitungspunkt in Ihrem Fall zutrifft.

Machen Sie nicht alles selbst

Unterschätzen Sie nicht den Aufwand eines Verkaufs. Der Verkauf läuft parallel zum Tagesgeschäft und beides ist sehr zeitintensiv. Zudem ist der Verkauf ein völlig neuer Prozess für Sie, den Sie bisher noch nicht kennen. Verteilen Sie die Arbeit auf mehrere Schultern, entlasten Sie sich selbst und holen Sie sich eine Fachexpertise ins Haus.

Für eine erste Auslegeordnung kann man sich überlegen, einen **Berater** zu nehmen. Dies ist ein überschaubarer Kostenblock, der sich in jedem Fall lohnt.

Wahrscheinlich werden Sie zu Beginn Ihren Haus-und-Hof-Anwalt sowie Ihren Treuhänder kontaktieren. Nehmen Sie sich aber auf jeden Fall einen M&A erfahrenen Anwalt an Ihre Seite. Im Gegensatz zu Ihrem Haus-und-Hof-Anwalt kennt er besser die M&A spezifischen Klauseln und ihre Auswirkungen. Denn Sie müssen davon ausgehen, dass die Käuferseite auch einen M&A-Spezialisten nutzt und Sie wollen doch auf Augenhöhe miteinander verhandeln. Und nehmen Sie Ihren neuen Anwalt frühzeitig ins Boot, denn »fünf-vor-zwölf« vor der Vertragsunterzeichnung kann er nicht mehr viel ausrichten. Früh bedeutet, dass er Sie berät, noch bevor Sie einem ersten *Non-Binding Offer* (erstes unverbindliches Kaufangebot) oder einem sog. *Term sheet* (Dokument, in dem die wichtigsten Bedingungen der geplanten Übernahme beschrieben werden) zustimmen. Denn sonst laufen Sie Gefahr, dass in diesen Schriftstücken schon Pflöcke eingeschlagen werden, die Sie später nicht mehr umbiegen können. Käufer versuchen durchaus, die Unerfahrenheit der Verkäuferseite auszunutzen.

Nehmen Sie sich auch sehr zügig einen **M&A-Berater** zur Seite. Er ist Experte im Verkauf von Unternehmen. Sie hingegen machen es wahrscheinlich zum ersten Mal. Er kann Sie im gesamten Prozess optimal beraten und die kommenden Prozessschritte erklären. Er weiß, wie die Gegenseite tickt und ist mit weniger Emotion engagiert. Der M&A-Berater sollte idealerweise schon mandatiert werden, bevor die ersten Gespräche mit potenziellen Käufern starten und Informationen offengelegt werden. Er kann unterstützen und beraten, welche Informationen vorbereitet werden müssen, damit diese nicht in einer Nacht-und-Nebel-Aktion während der Transaktion aufbereitet werden müssen. Denn ein Unternehmer kennt die Marktstandards nicht. Er weiß in der Regel nicht, was ein Interessent alles fragen darf und welche Informationen besser zurückbehalten oder erst später offengelegt werden. Doch ist eine Information verfrüht oder nicht im Kontext offengelegt, so kann sie zu einem größeren Nachteil für die weiteren Verhandlungen und für die Preisfindung ausgelegt werden. Schließlich sucht der Käufer in solchen Gesprächen gerne Argumente, welche den Kaufpreis drücken könnten, während ein Verkäufer meinen könnte, dass man sich noch rein informell unterhält. Zusammenfassend kann man sagen, dass ein M&A-Berater auf der Verkäuferseite drei Ziele verfolgt:

- **Bewertungsmaximierung:** Das zu verkaufende Unternehmen wird im Rahmen aller betriebswirtschaftlich nachvollziehbaren Argumentationsketten »aufgehübscht«. Das bedeutet, dass die Abschlüsse der Vergangenheit normalisiert werden. Dazu werden die Abschlüsse um Sonderfaktoren (z. B. Bildung/Auflösung von Rückstellungen, einmalige Effekte, steuerliche Themen etc.) bereinigt, sodass das »richtige« betriebswirtschaftliche Ergebnis ausgewiesen wird. Beim Blick in die Zukunft wird sichergestellt, dass ein ambitionierter Businessplan gezeigt wird, der jedoch plausibel sein und auch zur gezeigten Vergangenheit passen muss.

- **Transaktionssicherheit schaffen:** Die involvierten Parteien können sich sicher sein, dass der Verkaufsprozess strukturiert und die gelieferten Informationen korrekt sind. Der Berater moderiert also den ganzen Prozess zwischen den Beteiligten.
- **Optionen schaffen:** Der Verkäufer soll am Ende einen Käufer auswählen können, denn nur wer Optionen hat, kann am Ende eine gute Wahl für einen passenden Verkaufspreis und den Fortbestand des Unternehmens sicherstellen.

Überlegen Sie sich auch, ob Sie **interne Unterstützung** benötigen. So könnte es unter anderem hilfreich sein, wenn Ihre Assistenz eingeweiht wird, damit sie Sie beim Zusammentragen der nötigen Informationen unterstützen kann. Vielleicht ist es auch sinnvoll, den Finanzleiter oder Buchhalter einzuweihen, um an die nötigen Zahlen zu kommen, die von den potenziellen Käufern früher oder später angefragt werden. In jedem Fall müssen Sie sich vollkommen auf die Vertraulichkeit dieser Personen verlassen können, denn Sie wollen nicht, dass Ihre Belegschaft über den »Flurfunk« vorzeitig von dem (möglichen) Verkauf des Unternehmens erfährt. Mit der zusätzlichen Unterzeichnung einer Geheimhaltungsvereinbarung können Sie gegenüber den eingeweihten Mitarbeitenden nochmals unterstreichen, wie wichtig ihre Diskretion ist.

Erste Knochenarbeit – die eigene Bestandsaufnahme

Bevor Sie auch nur eine Zahl nach draußen geben, sollten Sie selbst Klarheit über Ihre Situation haben. Sie müssen so auf Ihre eigenen Zahlen schauen können, wie es potenzielle Käufer tun.

Dabei liegt ein großer **Fokus auf den finanziellen Zahlen**. Hier sollten Sie die letzten drei abgeschlossenen Geschäftsjahre hernehmen, für das laufende Jahr eine aktualisierte Vorschau erstellen und dann für mindestens weitere drei Jahre ein Budget bzw. einen Businessplan erarbeiten.

Für die Betrachtung der Vergangenheit werden zunächst einmal die revidierten Abschlüsse (sofern Sie solche haben) herangezogen. Diese Abschlüsse sind jedoch noch zu bereinigen. Bereinigung (oder auch Normalisierung genannt) bedeutet, dass periodenfremde oder steuerlich bedingte Buchungen aufgelöst bzw. in die richtige Periode umgebucht werden. Stellen Sie sich vor, Sie haben in einem abgeschlossenen Geschäftsjahr eine Rückstellung für ein potenziell eintretendes Risiko gebildet. Sie verschlechtern damit folglich Ihr Jahresergebnis. Es hat sich jedoch später herausgestellt, dass dieses Risiko nie eingetreten ist. Dann lösen Sie diese Rückstellung wieder auf und verbessern damit das Ergebnis dieser Periode. Das eine Jahr haben Sie also zu schlecht und das andere zu gut gezeigt. Das Gleiche gilt ebenfalls für stille Reserven. Diese sind aufzulösen, um einen unverfälschten Blick zu bekommen. Solche und andere Themen werden normalisiert. Oft reichen für diese Normalisierungen die revidierten Abschlüsse nicht aus. Hier braucht es Zahlen aus dem Management Reporting, aus den Monatsabschlüssen oder aus der Buchhaltung.

Am Ende vom Tag interessieren sich die Käufer auch für die unterjährige Entwicklung (Gibt es Saisonalitäten im Geschäft? Werden am Ende des Jahres die Zahlen geschönt? etc.) und vor allem die sog. *Cash-Flow-Betrachtung*. In Erfolgsrechnungen und Bilanzen kann man über einige Perioden gewisse Sachverhalte verschleiern. Aber die Entwicklung des Cash-Flows, also die tatsächliche Entwicklung Ihrer flüssigen Mittel, kann man nicht verfälschen und ist deshalb für einen Käufer ein klares Indiz für die wahre Lage des Unternehmens. Denn es spricht eine eindeutige Sprache, ob Sie in den vergangenen Jahren Geld verdient oder verloren haben. Eine reine Betrachtung der Erfolgsrechnung und des Jahresgewinns kann hier täuschen.

Jetzt haben wir aber nur über die Vergangenheit gesprochen. Es fehlt noch der Ausblick in die Zukunft. Sie brauchen noch einen Businessplan. Hier genügt es nicht, einfach eine Schätzung (oder gar nur eine Extrapolation) für die Erfolgsrechnung vorzunehmen. Auch an dieser Stelle braucht es eine genaue Planung, wie sich der Businessplan auf die Bilanz und den Cash-Flow auswirkt. Einen solchen Plan schlüssig aufzustellen, ist nicht zu unterschätzen.

Bisher haben wir über einen kleinen Bruchteil gesprochen, der aufzubereiten ist. Im finanziellen Bereich fehlen z. B. noch Angaben zu Kunden- und Lieferantenumsätzen, getätigte und geplante Investitionen, Fremdkapitalverpflichtungen sowie Lohninformationen, um nur einige zu nennen.

Machen wir uns nichts vor, das ist Knochenarbeit. Und idealerweise brauchen Sie die Expertise, die Zahlen so aufzubereiten, dass sie auch von potenziellen Käufern als richtig und vertrauenswürdig angesehen werden.

Natürlich hängt die Höhe des Arbeitsaufwands auch von der Größe und Komplexität Ihres Unternehmens zusammen. Haben Sie diese Expertise? Aus meiner eigenen Erfahrung heraus muss ich sagen, dass häufig selbst der eigene Buchhalter oder Treuhänder mit diesen Fragestellungen überfordert ist. Bitten Sie Ihren M&A-Berater um Hilfe. Er wird diese Arbeit zwar nicht für Sie machen, aber er kennt sicherlich einen Experten, der sie für Sie erledigt. Dieser Experte erstellt dann häufig auch ein sog. *Financial Fact Book* (FFB). Hier sind die ganzen Details und Herleitungen der Vergangenheit, der Gegenwart und der Zukunft abgebildet. Das FFB kann dann in dieser Form an die potenziellen Käufer abgegeben werden.

Haben Sie all diese Informationen zur Hand und aufbereitet? Und können Sie hinter den Zahlen des Businessplans stehen, ohne vor Scham wegen übertriebener Annahmen rot anzulaufen, dann sind Sie nun auch in der Lage, für sich selbst einen ersten Unternehmenswert zu ermitteln. Welche Bewertungsmethoden es dazu gibt, sehen wir jetzt.

Was ist mein Unternehmen wert?

Mit Ihrer Bestandsaufnahme haben Sie eine gute Grundlage geschaffen, um nun den Wert Ihres Unternehmens aus finanzieller Sicht ermitteln zu können. Denn der so ermittelte Wert wird nicht gleichzeitig auch der Preis sein, den ein Käufer gewillt ist zu zahlen. Aber schauen wir uns zuerst einmal an, auf welche Arten wir den Wert ermitteln können, bevor wir die anderen Kriterien für die Preisfindung betrachten.

Bei der Wertermittlung wird im Grundsatz von vier verschiedenen Berechnungsvarianten gesprochen. Diese können in der Praxis noch einmal Untervarianten haben, spielt für uns hier aber keine Rolle. Wir reden hier vom *Substanzwertverfahren*, vom *Ertragswertverfahren*, vom *Multiple* und von der *Discounted-Cash-Flow-Methode* (DCF). Ich entschuldige mich vorab für das etwas trockene Thema, jedoch ist es für das weitere Verständnis unabdingbar, diese Punkte ebenfalls zu betrachten.

Substanzwertmethode: Hier werden von den betriebsnotwendigen Vermögenswerten (Umlaufvermögen + Anlagevermögen) die betriebsnotwendigen Schulden (Rückstellungen + Verbindlichkeiten) abgezogen. Dazu werden vorher noch die stillen Reserven aufgelöst, die durch eine zu tiefe Bewertung Ihres Vermögens bzw. zu hohe Bewertung Ihres Fremdkapitals entstanden sind. Außerdem sind mögliche Steuereffekte durch die Auflösung der stillen Reserven zu berücksichtigen. Alternativ kann auch das Eigenkapital genommen werden, dem die aufgelösten stillen Reserven aufgeschlagen werden. Das Endergebnis ist schlussendlich das Gleiche.

Der so ermittelte Wert ist vergleichbar mit einem Liquidationswert, den Sie erzielen würden, wenn Sie Ihr Vermögen einzeln verkaufen und von dem Erlös Ihre Schulden tilgen würden. Da Ihr Unternehmen aber mehr ist als die Summe Ihrer Anlagen, nützt Ihnen dieser Wert nur als absolute Preisuntergrenze, da Sie sonst auch andere Möglichkeiten für einen Verkauf hätten.

Multiple: Die Unternehmenswertbestimmung mithilfe eines Multiples ist eine sehr einfache Berechnung. So wird Ihr (aktueller) EBITDA oder EBIT mit einem Faktor multipliziert. Dieser Faktor spiegelt diejenigen Multiplikatoren wider, die in der Vergangenheit für ähnliche Firmen in Ihrem Segment gezahlt wurden. Oft gibt es aber keine verfügbaren Informationen, schon gar nicht im Bereich von mittelständischen Unternehmen, was die Anwendung eines passenden Multiples erschwert.

Ertragswertmethode: Die Wertermittlung baut auf Zukunftserwartungen in Bezug auf die Gewinngröße EBIT bzw. auf das Ergebnis vor (EBT) oder nach Steuern (NOPAT) aus der Planungsrechnung / dem Budget auf. Den Ertragswert erhält man durch die Diskontierung (= Abzinsung) der Gewinngröße. Für diese Diskontierung benötigt man einen Zinssatz, auch Kapitalisierungszinssatz (oder auch WACC) genannt.

Sind Sie noch bei mir? Ich setze noch einen drauf, dann können Sie nicht mehr sagen, Sie hätten das noch nie gehört. Der Ansatz, die zukünftigen Gewinne zu diskontieren, ist richtig, denn Geld in der Zukunft ist weniger wert als Geld heute. Allerdings kann man lange diskutieren, was denn der richtige WACC für diese Berechnung ist. Er soll vereinfacht widerspiegeln, zu welchem Zinssatz Sie Ihr Geld alternativ anlegen könnten, statt es in Ihrem Unternehmen gebunden zu haben. Außerdem kommt ein weiterer Aspekt ins Spiel. Die Planungsrechnung ist normalerweise nur für ein bis drei Jahre gemacht, danach fährt man mit Annahmen weiter (z. B. ab dem vierten Jahr wächst der Gewinn jedes Jahr um ein Prozent). Man spricht hier auch von der ewigen Rente. Diese ewige Rente hat jedoch einen grossen Einfluss auf den ermittelten Ertragswert.

DCF-Methode: Die *Discounted-Cash-Flow-Methode* funktioniert genauso wie die Ertragswertmethode, nur mit dem Unterschied, dass nicht eine Gewinngröße herangezogen wird, sondern ausschließlich der *Free-Cash-Flow* (FCF). Dabei ist der FCF der operative Einzahlungsüberschuss nach getätigten Investitionen. Es ist so, als würden Sie tatsächlich Ihr Geld zählen.

Buchhalterische Tricks haben hier keine Chance. Auch diesen FCF ermitteln Sie anhand Ihrer Planungsrechnung und diskontieren ihn. Die Summe aller diskontierten FCF ist der so ermittelte Unternehmenswert.

Würdigung der Methoden zur Unternehmenswertbestimmung

Diese vier Methoden führen alle zu unterschiedlichen Werten. Das darf Sie nicht weiter verwundern, denn die Berechnungen werden schließlich auch unterschiedlich gemacht. Zudem beruhen Sie auf Annahmen, die man jederzeit in ihrer Richtigkeit bzw. Angemessenheit diskutieren kann. Sprechen Sie am besten mit Ihrem M&A-Berater, was in Ihrem Fall marktübliche Annahmen sind. Und lassen Sie ihn das Ganze mal für Sie berechnen. Danach haben Sie bereits ein Gefühl dafür, in welchem Bereich der Wert Ihres Unternehmens liegt.

Wert nicht gleich Preis

Nun haben wir eine Idee zum Wert des Unternehmens. Was aber spielt noch in die eigentliche Preisfindung hinein? Nun, der Käufer muss sich zusätzlich fragen, wie gut Ihr Unternehmen in seine eigene Strategie passt. Er schaut sich die Chancen und Risiken an, die eben nicht in der finanziellen Wertermittlung enthalten sind. Welche Synergien ergeben sich? Ist der eingekaufte Umsatz über die nächsten Jahre sicher oder besteht Anlass zur Sorge? Wie schätzt er den Markt und den Wettbewerb für die Zukunft ein? Kann der Käufer sein Sortiment erweitern bzw. ergänzen oder kauft er sich Marktanteile in seinem angestammten Markt? Gibt es andere Interessenten, die auch an einem Kauf interessiert sind? Das alles kann den tatsächlichen Preis über oder unter den ermittelten Wert bringen. Also bedenken Sie trotz aller Berechnungen an Folgendes: Der Preis wird vom Markt gemacht, nicht vom Verkäufer.

Wer kommt eigentlich als Käufer infrage?

Es gibt unterschiedlichen Käuferprofile, die je nach Art, Größe und Branche Ihrer Firma ein Interesse daran haben könnten, Ihre Firma zu kaufen. Die Motivationen dieser Käuferprofile zu kennen, hilft Ihnen bei der persönlichen Auswahl und Ansprache dieser potenziellen Käufer. So können Sie sich bereits im Vorfeld über mögliche Stolperfallen klar werden. Denn diese lauern überall. Überlegen Sie sich deshalb, wer Interesse an Ihrer Firma haben könnte. Was sind die Vor- und Nachteile der Kandidaten?

Privatpersonen

Private Käufer sind meist Personen, welche schon seit einer geraumen Zeit beruflich tätig sind und den Schritt in die Selbstständigkeit wagen möchten. Mit dem Kauf eines bestehenden Unternehmens entfällt für den Käufer der Unternehmens- und Produktaufbau und er ist gleich voll im Geschäft. Privatpersonen sind meist darauf bedacht, das Unternehmen langfristig zu führen.

Der private Käufer kann bereits im Management des Unternehmens tätig sein (sog. **Management-Buy-Out = MBO**), d. h. er kennt bereits das Unternehmen und kann es theoretisch nahtlos weiterführen. Allerdings kann der Wandel vom Arbeitnehmer zum Arbeitgeber eine Herausforderung sein. Häufig fehlt diesem Käufertyp die Kapitalbasis, um den Kaufpreis zu zahlen. Entscheiden Sie sich als Verkäufer für ein MBO, müssen

Sie mit finanziellen Zugeständnissen und Risiken rechnen, z. B. ein niedrigerer Verkaufspreis oder die Gewährung eines nachrangigen Darlehens.

Der private Käufer kann jedoch auch von außen kommen und sich einkaufen (sog. **Management-Buy-In = MBI**). Er kennt vielleicht die Branche noch nicht, kann aber frische und neue Impulse einbringen und möglicherweise seine Managementerfahrung gewinnbringend nutzen. Dagegen könnte die Kapitalabhängigkeit von einem Co-Investor oder einer Bank sprechen. Eine geringe Branchenerfahrung und eine mitunter lange Einarbeitungszeit können zusätzlich eine Herausforderung sein.

Strategische Investoren

Strategische Investoren suchen entweder das horizontale oder das vertikale Wachstum.

Horizontal bedeutet dabei Wachstum im gleichen Marktsegment auf der gleichen Wertschöpfungsstufe. Denn die Möglichkeit des organischen Wachstums ist bei vielen Unternehmen begrenzt oder ab einem gewissen Punkt mit hohen Kosten verbunden. Daher ist die Unternehmensübernahme eines **Mitbewerbers** eine interessante Option, um schnell neue Kundensegmente, Lieferantenbeziehungen oder qualifizierte Mitarbeitende zu akquirieren. Zudem können sich für den Käufer lohnende Synergieeffekte ergeben.

Mit vertikalem Wachstum ist die **Diversifizierung eines Unternehmens** über den strategischen Zukauf von Unternehmen entlang der Wertschöpfungskette gemeint. Sie ist oftmals entscheidend für den nachhaltigen Markterfolg. Damit erwirbt der strategische Unternehmenskäufer gezielt eine bestehende Kundenbasis, interessante Lieferantenbeziehungen und spezifisches

Know-how. Diese Faktoren müssten andernfalls zeitintensiv aufgebaut werden. Dabei ist es nicht unüblich, dass sich das verkaufte Unternehmen den vorhandenen unternehmerischen Strukturen des Käufers anpasst.

Sowohl der Mitbewerber als auch der strategische Käufer haben ein unternehmerisches Interesse an Ihrem Unternehmen. Sie sehen den Kauf als ein langfristiges Engagement und haben aufgrund ihrer Branchenerfahrung realistische Renditeerwartungen. Sie als Verkäufer müssen sich allerdings darüber im Klaren sein, dass Sie während der Verhandlungen vertrauliche Informationen an direkte Wettbewerber preisgeben, was ohne Garantie für einen späteren Kauf kritisch für Sie sein könnte. Auch müssen Sie damit rechnen, dass Ihr altes Unternehmen nach dem Verkauf voll in den Käufer integriert wird und von Ihrem Unternehmen später nicht mehr viel zu sehen ist.

Finanzinvestoren

Finanzinvestoren sind in der Regel **Private-Equity-Firmen**, die ihr Portfolio durch eine weitere Firma ergänzen möchten. Ihr Fokus liegt auf Investitionsmöglichkeiten mit interessanten Renditen. Der Finanzinvestor wird bei der Unternehmensnachfolge in aller Regel nicht operativ tätig, sondern überlässt das Tagesgeschäft dem Geschäftsführer, welcher, wenn nicht bereits vorhanden, von dem Finanzinvestor bestimmt wird.

Oft ist auch die Erwartung von Private-Equity-Firmen, dass sich der alte Inhaber für die nächsten Jahre nochmals mit 20-30 Prozent rückbeteiligt, damit der Investor die Gewissheit hat, dass sich das Geschäft auch in Zukunft positiv entwickelt. In diesem Fall hat man als Verkäufer zwar einen Großteil der Schäfchen ins Trockene geholt, aber man ist noch weit vom Ruhestand entfernt.

Als Verkäufer an eine Private-Equity-Firma kann man sich auf einen Verhandlungspartner mit hoher Transaktions- und Verhandlungserfahrung einstellen. Die Käuferseite ist sehr professionell mit kurzen Entscheidungswegen. Die Finanzierung des Kaufpreises sowie des späteren Wachstums durch weitere Zukäufe stellt in der Regel kein Problem dar, sodass sich Ihr Unternehmen auch nach dem Verkauf gut weiterentwickeln kann. Dem gegenüber stehen jedoch auch ambitionierte Renditeerwartungen. Außerdem planen viele Private-Equity-Firmen, ihren Zukauf nach vier bis sieben Jahren wieder gewinnbringend weiterzuverkaufen.

Ein Finanzinvestor kann jedoch auch ein **institutioneller Anleger** sein. Dies sind hauptsächlich Versicherungen oder Pensionskassen, die von Firmen, neben den klassischen Investitionsobjekten wie Liegenschaften, als Anlagemöglichkeit entdeckt wurden. Institutionelle Anleger sind in der Regel nicht auf die Übernahme von Firmen spezialisiert. Eine Unternehmensnachfolge ist eher Mittel zum Zweck als deren Kerntätigkeit. Für einen institutionellen Investor steht eine langfristige Werterhaltung und -steigerung des Unternehmens im Fokus. Dabei handelt der Käufer äußerst zahlengetrieben.

Sie sehen, je nach Käufertyp sind Sie mit verschiedenen Herausforderungen sowohl während als auch nach dem Verkaufsprozess konfrontiert.

So mache ich mich schmackhaft – der Teaser

Sie haben nun Ihre ersten Hausaufgaben gemacht. Sie wissen, wer Sie im Verkaufsprozess unterstützen kann, Sie haben eine ungefähre Vorstellung, was Ihr Unternehmen wert ist und Sie sind sich im Klaren darüber, welche Käufertypen für Sie infrage kommen könnten. Nun geht es für Sie darum, das erste Mal am Markt sichtbar zu werden. Aber wie?

Sie möchten nicht gleich offen herausposaunen, dass Sie ihr Unternehmen verkaufen wollen. Dies würde zu großer Verunsicherung bei Mitarbeitern und Kunden führen, was negativen Einfluss auf den weiteren Geschäftserfolg haben könnte. Wie aber finden Sie nun potenzielle Käufer und welche Informationen können Sie schon geben, ohne Ihren Namen zu nennen?

Es gilt, einen anonymen **Teaser** (manchmal auch *Kurzinformation Memorandum* genannt) so zu gestalten, um ihn bei der ersten Ansprache möglicher Kaufinteressenten abgeben können. Die erste Ansprache sollte in dieser Phase unbedingt durch den M&A-Berater erfolgen, da sonst sofort klar wäre, um wen es sich bei dem Verkäufer handelt. Denn der Teaser sollte keine Rückschlüsse auf die Identität Ihres Unternehmens erlauben. Gleichzeitig muss er aber genug relevante Informationen enthalten, um bei potenziellen branchenfremden Investoren Interesse zu wecken.

Ein Teaser hat in der Regel einen Umfang von wenigen Seiten. Er enthält vorwiegend Informationen zur Branche und Marktsegmenten, in denen Sie tätig sind und zeigt deren vergangene Entwicklung und deren zukünftige Aussichten. Außerdem zeigen Sie, wie Ihr Unternehmen aufgestellt ist. Sie nennen hier Ihre spezifischen Alleinstellungsmerkmale (USPs), mit denen Sie sich von Ihren Mitbewerbern abheben und nennen einige Kennzahlen (z. B. die Anzahl der Mitarbeitenden, die Entwicklung Ihres Umsatzes/EBIT, die Anzahl der Kunden, Ihr geografisches Einzugsgebiet etc.). Sie zeigen auf, welche Herausforderungen Ihre Kunden haben und wie Sie diese lösen.

Es ist Ihr erstes Marketingpapier, mit dem Sie sich verkaufen. Lassen Sie sich von Ihren herangezogenen Experten beraten, sodass Sie sich optimal präsentieren – auch wenn es hier erst einmal nur anonym ist.

Phase 3
Investorensuche – wie viel darf es denn sein?

»Ohne attraktive Wachstumsstory oder desolaten Sanierungsfall, den man wieder aufpäppeln und dann wieder weiterverkaufen könnte, bist Du für einen Teil der möglichen Investoren völlig uninteressant.«

Die Herausforderung bei der Investorensuche besteht nun darin, genau die richtige Käuferpartei für Ihr Unternehmen zu finden, die das Unternehmen nicht nur zu den gewünschten Konditionen übernimmt, sondern auch zu dessen Werten, Zielen und Visionen passt. Das ist ein langer Weg, doch er beginnt mit dem ersten Schritt.

Von der Longlist zur Shortlist zur noch Shorter List

Zuerst wird eine *Longlist* mit möglichen Kaufinteressenten aufgestellt. Diese initiale Arbeit wird Ihr M&A-Berater **übernehmen**. Das kann am Ende durchaus eine Liste mit 100 Kandidaten sein. Danach wird diese Liste mit Ihnen besprochen, ein erstes Mal gekürzt und bei Bedarf um Ihre eigenen Kandidaten ergänzt. Sie haben nun Ihre *Shortlist.*

Mit dieser *Shortlist* macht sich Ihr M&A-Berater an die Arbeit und kümmert sich um die erste Kontaktaufnahme. Er versucht dabei, direkt zu den Entscheidungsträgern telefonisch oder per Mail durchzukommen. Dazu versendet er den Teaser.

Während Finanzinvestoren schnell zu einer ersten Einschätzung kommen und ihr weiteres Interesse bekunden oder eine Absage mitteilen, dauert die Rückmeldung strategischer Investoren bzw. von Marktteilnehmern aus Ihrer Branche in der Regel länger. Das lässt sich damit erklären, dass der Finanzinvestor noch viel stärker zahlengetrieben ist und vornehmlich diese analysiert. Dem strategischen Investor ist vor allem der *Fit* wichtig und es sind mehrere Personen involviert, um zu einer ersten Entscheidung zu kommen. Häufig werden den angesprochenen Parteien zwei bis vier Wochen für ihren Entscheid eingeräumt.

Ihre *Shortlist* ist noch einmal um einiges kürzer geworden, denn nicht jeder angesprochene Kontakt interessiert sich zum aktuellen Zeitpunkt für den Kauf eines Unternehmens Ihrer Couleur.

Ab jetzt gilt Verschwiegenheit für alle – das NDA

Es ist Ihnen zu wünschen, dass mindestens einer, besser noch mehrere Interessenten im Rennen sind. Diese wollen nun mehr Informationen. Aber davor ist es wichtig für Sie, dass der Interessent eine **Geheimhaltungsvereinbarung** (auch **Non-Disclosure Agreement = NDA** genannt) unterzeichnet.

Das NDA soll sicherstellen, dass die abgegebenen Informationen und Inhalte vertraulich behandelt, nicht weitergegeben und nicht zu Konkurrenzzwecken verwendet werden dürfen. Denn Indiskretionen können sich schnell negativ für Sie auswirken, wenn Kunden, Lieferanten oder Ihre Bank vorzeitig von Ihren Plänen erfahren.

Der Inhalt des NDAs regelt die Dauer der Geheimhaltung, die Pflicht der Vernichtung der erhaltenen Informationen zum Zeitpunkt des Abbruchs der Verhandlungen sowie Vertragsstrafen bei Nichteinhaltung des NDAs.

Aber machen wir uns nichts vor. Ein abgeschlossenes NDA ist ganz klar ein Muss in diesem Prozess. Doch sind Verstöße gegen das NDA nur schwer zu beweisen und gerichtlich fast nicht einklagbar. Es hat jedoch eine moralische Bedeutung und macht beiden Seiten nochmals klar, dass die erhaltenen Informationen mit Sorgfalt und Diskretion zu behandeln sind.

Butter bei die Fische – das Information Memorandum

Ist diese Formalie erledigt, steht dem Versand eines sog. **Information Memorandum (IM)** nichts mehr im Wege. Sie sollten sich mit der Erstellung des IMs nicht allzu viel Zeit lassen, denn schon zwei bis vier Wochen nachdem Ihr M&A-Berater die potenziellen Käufer mit dem Teaser angesprochen hat, können die ersten Interessierten kommen und mehr über Sie erfahren wollen.

Das Information Memorandum enthält eine ausführlichere Präsentation des Unternehmens als im Teaser, angefangen von der Historie und der finanziellen Entwicklung, Kunden- und Lieferantenstatistiken, Marktdefinition, die eigene Positionierung im Markt, Wettbewerberanalyse und die Einschätzung zur zukünftigen Marktentwicklung bis hin zur Analyse von Personalkennzahlen sowie Aufzeigen von Chancen und Risiken.

Das Information Memorandum muss so fundiert sein, dass ein Interessent auf dieser Basis ein sog. *Non-Binding Offer* abgeben kann. Im Non-Binding Offer wird eine Kaufpreisindikation gegeben. Achtung: Auch wenn es »non-binding«, also »nicht bindend« heißt, so wird der finale Kaufpreis **häufig** sehr nah am Non-Binding Offer liegen, wenn nicht viele gravierende »findings« **während der Due Diligence gefunden** werden, die eine Kaufpreisreduktion rechtfertigen. Der Kaufpreis wird hingegen nur sehr selten im Vergleich zum Non-Binding Offer nach oben korrigiert.

Sie sehen, die gegebenen Informationen müssen also schon jetzt Hand und Fuß haben. Größte Sorgfalt ist gefragt, denn spätestens in der folgenden Due Diligence werden die Interessenten genau hinschauen, ob sich die hier gezeigten Zahlen bestätigen.

Ihr *Information Memorandum* könnte so gegliedert sein:

- Vorstellung der eigenen Firma
- Key Highlights zur Firma, deren Produkten, dem Stand am Markt
- Markt und Wettbewerber
- Leistungskatalog und Kunden/Branchen
- Organisation/Prozesse/Betrieb
- Wachstumsstrategie
- Finanzen (Kennzahlen, Investitionen, Kapitalstruktur)
- Hinweise für die weitere Vorgehensweise

Das IM muss als Verkaufspräsentation daherkommen. Sicherlich immer der Wahrheit entsprechend, aber Ihr Unternehmen in einem guten Licht zeigend. Auf der Basis dieses IMs sollen die Kaufinteressenten ihre indikativen Angebote abgeben. Sie haben dafür in der Regel sechs bis acht Wochen Zeit.

In dieser Phase ist nicht vorgesehen, dass die Kaufinteressenten im großen Stil mit individuellen Fragen auf Sie zukommen. So soll sichergestellt werden, dass Sie nicht durch zu viele Anfragen einzelner Interessenten und durch zahlreiche Termine übermäßig belastet werden. Und für Detailfragen gibt es ja dann noch die Phase der Due Diligence.

Natürlich gibt es trotzdem vereinzelte Verständnisfragen der Kaufinteressenten. Diese kommen bei Ihrem M&A-Berater rein. Er entscheidet, ob diese Frage zum aktuellen Zeitpunkt gerechtfertigt ist. Denn teilweise werden zusätzliche Informationen angefragt, die Sie erst zu einem späteren Zeitpunkt offenlegen möchten. Unter den Kaufinteressenten können immer noch Mitbewerber sein, die nur möglichst viele Informationen über Ihr Unternehmen abfragen wollen, aber nicht ernsthaft an einem Kauf interessiert sind. Die gesammelten Fragen der Kaufinteressenten werden in einem *Q&A* (Questions & Answers) gesammelt und allen zur Verfügung gestellt, sodass alle Interessenten den gleichen Wissensstand haben.

Man will Sie kennenlernen – das erste Treffen

Nachdem die Interessenten nun viel über Ihr Unternehmen gehört haben, kommt die Zeit des ersten Kennenlernens. Dabei geht es nicht nur darum, dass man noch offene Fragen klären kann, sondern vor allem auch um die persönliche Ebene. Sie bekommen ein erstes Gefühl dafür, ob Sie sich überhaupt vorstellen können, an die Vertreter der Kaufinteressenten verkaufen zu wollen. Machen Sie sich bewusst, hier prallen potenziell zwei Welten aufeinander. Sie, ein gestandener Geschäftsmann, mit Herzblut bei der Sache. Auf der anderen Seite vielleicht (junge) Bürokraten, die ihren M&A-Prozess nach Schema F abspulen wollen, nur auf Zahlen, Daten, Fakten aus. Schauen Sie es sich an und machen Sie sich Ihr eigenes Bild.

In der Zwischenzeit bis die Angebote kommen

Spätestens jetzt ist es an der Zeit, für die kommende Due-Diligence-Phase alle für Kaufinteressenten relevanten Informationen und Dokumente zusammenzutragen und in einem sog. **virtuellen Datenraum (VDR)** abzulegen. Ein VDR ist ein geschütztes online zugängliches Archiv, das neben der reinen Datenablage noch Zusatzfunktionen bietet, die im Rahmen einer *Due Diligence* hilfreich sind:

- Rechtevergabe: Sie legen fest, welche Person auf welche Dokumente Zugriff bekommt. Sie definieren, was eingesehen und ggf. auch ausgedruckt bzw. lokal gespeichert werden darf.
- Verlaufskontrolle: Man kann sehen, welche Dokumente vom Interessenten angeschaut wurden und wie oft. Daraus lassen sich Rückschlüsse auf die für die Interessenten kritische Bereiche ziehen.
- Dokumentationsfunktion: Am Ende der Due Diligence wird der gesamte VDR archiviert. So kann auch zu einem späteren Zeitpunkt noch nachvollzogen werden, welche Informationen gegeben und von wem diese Dokumente abgerufen wurden. Dies ist im Fall von nachträglichen Rechtsstreitigkeiten sehr hilfreich.

- Q&A-Prozess: Die während der Due Diligence aufkommenden Fragen und gegebenen Antworten können hier an einem zentralen Ort verwaltet werden. Dabei koordiniert Ihr M&A-Berater die Fragen zwischen den Interessenten und den jeweiligen Ansprechpartnern auf Ihrer Seite. Denn typischerweise haben Sie mittlerweile einige ausgewählte Mitarbeiter ins Vertrauen gezogen, nicht zuletzt auch, weil einige Fachfragen nur durch die verantwortlichen Experten erklärt werden können.

Ein VDR beinhaltet typischerweise folgende Bereiche, in denen die Dokumente von Ihnen abgelegt werden:

- Legal (u. a. Eigentumsverhältnisse, alle Verträge u. v. m.)
- Finanzen (Abschlüsse, Details zu Bilanz und Erfolgsrechnung)
- Personal (Arbeitsverträge, Sozialversicherungen, Pensionskasse)
- Sales (Kundenverträge, Produktportfolio, Verkaufsprozesse)
- Steuern (Steuererklärungen, MwSt.-Abrechnungen)
- Versicherungen (sämtliche Policen)
- Betrieb/Produktion (Art und Alter der Infrastruktur, Prozesse)

Im nächsten Kapitel finden Sie eine detailliertere Due-Diligence-Checkliste, so wie sie auch von den Kaufinteressenten genutzt wird. Machen Sie es sich bewusst: Es ist eine Fülle von Informationen und Dokumenten, die Sie nun zusammenzutragen haben. Wir reden hier schnell von über 100 Dokumenten!

Achten Sie aber darauf, dass Sie ganz sensible Daten noch zurückhalten! So sollten Sie etwa Informationen zu Kunden, Lieferanten, Vertriebspartnern und zu Kalkulationen zunächst zurückhalten oder nur anonymisiert weitergeben. Ebenso geben Sie jetzt noch keine detaillierten Margeninformationen oder Mitarbeiternamen preis.

Erst wenn es sich herauskristallisiert, wer der Käufer sein wird, können Sie diese Informationen nachliefern. Dies kann auch erst ein paar Tage vor der eigentlichen Vertragsunterschrift sein. Ihr M&A-Berater kann Ihnen genau sagen, welche Informationen üblicherweise zu welchem Zeitpunkt im Prozess offengelegt werden.

Wer hat jetzt noch Absichten – Eingang der Angebote

Nun ist der Tag gekommen. Die Auswertungen auf der Basis des Information Memorandum sind von den Kaufinteressenten gemacht. Die Deadline für das Einreichen eines indikativen Angebotes ist verstrichen und Sie bekommen konkrete Beträge genannt, was die Interessenten bereit sind, für Ihre Firma zu zahlen.

Mitunter kann es dabei zu großen Unterschieden kommen, auch bei der Anzahl der tatsächlich eingereichten Angebote. Doch nur die nackte Zahl anzuschauen, reicht nicht aus bei der Beurteilung der Angebote. Denn die Angebote sind immer an Bedingungen geknüpft. Dabei handelt es sich standardmäßig um den Vorbehalt, dass sich die zugrundeliegende Datenbasis auch durch die Due Diligence bestätigt. Zusätzlich kann es aber auch vorkommen, dass schon im indikativen Angebot aufgrund vermeintlich erkannter Risiken gewisse Garantien gefordert werden, die je nach Interessenten in Art, Höhe und Dauer variieren können. Seien Sie auch nicht überrascht, wenn die Interessenten gewisse Risiken ganz unterschiedlich bewerten.

Es ist Ihnen zu wünschen, dass Sie möglichst viele Angebote bekommen, sodass Sie sich einige Kandidaten auswählen können, mit denen Sie den nächsten Schritt gehen. Neben dem gebotenen Preis und der geforderten Garantien spielt für Sie bei der Auswahl auch der *Cultural Fit* des Interessenten eine Rolle. Sie müssen sich fragen, ob Sie überhaupt an diesen oder jenen Kandidaten verkaufen möchten. Es kann viele rationale und auch emotionale Gründe geben, warum Sie einen Kandidaten nicht mehr als möglichen Käufer in Betracht ziehen möchten.

Treffen Sie Ihre Wahl. Wen können Sie sich als Käufer vorstellen und wen laden Sie für den weiteren Prozess ein? Der nächste Schritt ist die Gewährung des Zugangs zum virtuellen Datenraum (VDR), damit die Kaufinteressenten ihre Due Diligence durchführen können. Durch Ihre gute Vorbereitung des Datenraums und das Antizipieren der Anforderungen sind Sie im Lead und lassen sich nicht durch die großen Anforderungslisten Ihrer Kaufinteressenten treiben. Die nächsten Wochen werden trotzdem keine ruhige Zeit für Sie. Ganz im Gegenteil.

Lassen Sie uns noch mit Begrifflichkeiten aufräumen. Es wird in dieser Phase mal von einem indikativen Angebot, von einer Absichtserklärung, von **Non-Binding Offer (NBO),** von einem **Letter of Intent (LoI)** oder einem **Memorandum of Unterstanding (MoU)** gesprochen. Unabhängig davon, wie Sie es nennen, es handelt sich hierbei immer um eine reine Absichtserklärung und in der Regel ohne eine rechtliche Bindung. Es ist entweder ein einseitiges Bekunden des potenziellen Käufers oder ein zweiseitiges Festhalten von Zwischenergebnissen, auf die sich die Parteien später wieder beziehen können.

Es gibt keine standardisierte Gliederung für eine solche Vereinbarung, doch häufig finden Sie diese Inhalte:

- Beschreibung des Kaufgegenstandes
- Kaufpreis bzw. Kaufpreisbereich (indikativ)
- Annahmen/Voraussetzungen hinter der Preisnennung
- Zahlungsmodalitäten
- Form und Umfang der Due Diligence
- Evtl. Exklusivitätsvereinbarung
- Vertraulichkeit
- Zeitplan

Eine Exklusivitätsvereinbarung ist vor allem im Interesse des Käufers. Haben Sie nur einen Interessenten, sind Sie wohl eher bereit, sich für zwei bis drei Monate exklusiv zu binden. Bei mehreren Interessenten wollen Sie das sicherlich nicht tun.

Phase 4
Transaktionsgestaltung – mit heruntergelassenen Hosen hart verhandeln

»Der Preis wird vom Markt gemacht, nicht vom Verkäufer.«

Wenn Sie der Ansicht sind, dass wir bis hierher schon viel zu tun gehabt haben, dann kann ich Ihnen sagen: Jetzt geht es erst richtig los! Wir kümmern uns nun in diesem Kapitel um den Zeitraum von der Gewährung des Zugangs zum virtuellen Datenraum bis zum Tag der Unterzeichnung des Kaufvertrages.

Due Diligence

Als Unternehmer war man bisher immer darauf bedacht, keine Interna nach außen zu tragen. Zu groß erachtete man als Unternehmer das Risiko, dass die Konkurrenz aus der Information einen Vorteil erlangen könnte. Im Fall eines Firmenverkaufs geht diese Heimlichtuerei natürlich nicht mehr. Klar ist, dass man einem direkten Mitbewerber, der nun als potenzieller Käufer auftritt, nicht alles und schon gar nicht sofort offenlegt. Denn scheitert der Deal, ist man selbst in einer nachteiligen Situation. Gegenüber marktfremden Interessenten bzw. Private-Equity-Firmen gibt es jedoch keine Geheimnisse. Hier sollten Sie alles offenlegen, da der Käufer sonst schlichtweg nicht kauft.

Den Datenraum haben wir bestückt mit sämtlichen Informationen, die wir bisher für wichtig erachtet haben, damit sie ein potenzieller Käufer beurteilen kann. Nun liegt es an den Kaufinteressenten, sich diese Informationen anzuschauen und ihre Schlüsse daraus zu ziehen. Sie als Verkäufer sind dabei in der Lage, die Aktivitäten der potenziellen Käufer nachzuvollziehen. Denn für Sie kann die Datenraumaktivität eines Investors ein wichtiger Indikator dafür sein, wie ernsthaft er interessiert ist. Ein aufrichtig interessierter Investor schaut sich für gewöhnlich alle ihm zur Verfügung gestellten Informationen an, da er auf dieser Basis die Chancen und Risiken abwägen kann. Die Informationen dienen ihm schlussendlich zur Festlegung seines Kaufpreisangebotes sowie für die Bestimmung der zu erfüllenden Bedingungen durch den Käufer.

Stellen Sie sich darauf ein, dass trotz Ihrer guten Vorbereitung und Antizipation der kommenden Fragen immer noch viele zusätzliche Fragen eingehen werden, die Sie beantworten müssen. Die folgende Liste soll ein erster Anhaltspunkt sein, welche Unterlagen Sie zusammenzustellen zu haben bzw. welche Informationen mit großer Wahrscheinlichkeit von Ihnen angefragt werden.

Checkliste Due Diligence – Rechtliches

- □ Gründungsurkunde der Gesellschaft
- □ Statuten der Gesellschaft
- □ Übersicht über die Beteiligungsverhältnisse
- □ Dokumente betreffend aller Kapitalerhöhungen und Kapitalherabsetzungen
- □ Aktuelle interne Reglemente der Gesellschaft (z. B. Organisationsreglement)
- □ Dokumente betreffend aller aktuellen und ehemaligen Aktienzertifikate
- □ Dokumente betreffend aller Aktienübertragungen in der Vergangenheit
- □ Aktuelles Aktienbuch und Verzeichnis der wirtschaftlich berechtigten Personen
- □ Protokolle/Beschlüsse der Gesellschafterversammlungen der letzten drei Jahre
- □ Aktionärbindungsverträge und alle ähnlichen Vereinbarungen
- □ Liste aller Betriebsstätten (inkl. Grundstücke), Lager etc. der Gesellschaft
- □ Aufstellung der Miet- und Leasingverträge über Anlagen (inkl. Hardware), Maschinen sowie Gegenstände der Betriebs- und Geschäftseinrichtung
- □ Alle Verträge über Anschaffungen oder Veräußerungen von Gegenständen des Anlagevermögens mit einem Wert von > 50.000,00 CHF bzw. Euro
- □ Vereinbarungen mit den zehn größten Lieferanten der Gesellschaft

- ☐ Allgemeine Geschäftsbedingungen, insbesondere Standard-Einkaufsbedingungen, Standard-Verkaufsbedingungen
- ☐ Verträge mit Change-of-control- oder Change-of-ownership-Klauseln
- ☐ Dokumente zu Finanzierungsvereinbarungen
- ☐ Dokumente zu Patenten, Marken und Lizenzen
- ☐ Dokumente zur Handhabung von Datenschutz
- ☐ Dokumente zu laufenden oder drohenden Prozessen und Schiedsverfahren

Checkliste Due Diligence – Finanzen

- ☐ Geprüfte Jahresrechnungen der letzten fünf Jahre, inkl. Berichte der Revisionsstelle (z. B. Management Letter, umfassender Bericht)
- ☐ Saldobilanzen pro Monat in Excel (Bilanz- und Erfolgsrechnungskonten)
- ☐ Monatliche Erfolgsrechnung für das laufende Jahr
- ☐ Planzahlen für die kommenden zwei bis fünf Jahre, inkl. zugrundeliegender Annahmen
- ☐ Budgets der beiden letzten Jahre und Budgetabweichungsanalyse im Vergleich zum Jahresabschluss
- ☐ Altersstruktur der Debitoren/Kreditoren per letztem Jahresabschluss und gem. letztem Monatsabschluss (Offene-Posten-Listen)
- ☐ Immaterielle Anlagen: vollständiger Anlagespiegel mit detaillierten Angaben (Software, Eigenentwicklung, aktivierte Eigenleistungen, Goodwill etc.)

- □ Sachanlagen: Beschreibung und Anlagespiegel per Ende der letzten zwei Geschäftsjahre (Zugänge/Abgänge, Abschreibungen im laufenden Jahr und kumuliert)
- □ Angaben/Details zu Außerbilanzpositionen, z. B. Leasing, Sicherheiten o. Ä.
- □ Berechnung des Delkredere
- □ Effektive Debitorenverluste jeweils zum Ende der letzten drei Geschäftsjahre
- □ Erläuterung zur Berechnung der aktiven Rechnungsabgrenzungen
- □ Erläuterung zur Berechnung der passiven Rechnungsabgrenzungen
- □ Rückstellungsspiegel mit Erläuterung zur Berechnung der Rückstellungen
- □ Darlehensspiegel (Aktiv-/Passivdarlehen)
- □ Details zum Personalaufwand für die letzten drei abgeschlossenen Jahre sowie für das aktuelle Geschäftsjahr YTD
- □ Übersicht der Transaktionen zwischen Gesellschaft und nahestehenden Personen/Gesellschaften in den letzten drei Geschäftsjahren sowie aktuell
- □ Bruttogewinn-/Margenanalyse für die letzten drei abgeschlossenen Jahre sowie für das aktuelle Geschäftsjahr YTD für die 25 größten Kunden
- □ Angaben zu außergewöhnlichen oder einmaligen Erträgen/Aufwendungen in den letzten drei abgeschlossenen Jahren, z. B. Gewinne aus dem Abgang von Anlagevermögen, Auflösung von Rückstellungen, Restrukturierungsaufwand etc.

- ☐ Überleitung von den testierten Abschlüssen zu den internen Jahresrechnungen (normalisiert Management-Sicht), letzte zwei Jahre

Checkliste Due Diligence – Personal

- ☐ Aktuelles Organigramm mit allen Funktionen
- ☐ Liste aller Arbeitnehmer, inkl. Alter, Dienstalter, Funktion, Vergütung
- ☐ Musterarbeitsvertrag pro Kategorie (Mitarbeiter/Kader/Geschäftsleitung)
- ☐ Arbeitsrechtliche Reglemente und Weisungen
- ☐ Spesenreglemente
- ☐ Reglemente bezüglich variabler Vergütung (Bonus, Sales Incentives etc.)
- ☐ Liste der Kündigungen der letzten zwölf Monaten (ungewollte, gewollte)
- ☐ Zusammenstellung aller arbeitsrechtlichen Auseinandersetzungen und Rechtsstreitigkeiten in den vergangenen fünf Jahren
- ☐ Alle Vereinbarungen mit selbständigerwerbenden Freelancern/Beratern
- ☐ Bestätigung bezüglich vollumfänglicher Abführung der gesetzlichen Sozialversicherungsabgaben bei Freelancern/Externen/Beratern
- ☐ Liste der Funktionen und entsprechenden Stellenprofilen (welcher Mitarbeiter hat welche Rolle/Aufgaben/Skills)
- ☐ Auflistung Ferienguthaben/Überstunden aller Mitarbeitenden

□ Personalaufwand: Entwicklung des durchschnittlichen Personalaufwandes pro FTE über die letzten drei Jahre pro Mitarbeiter/Kader/Geschäftsleitung
□ Bestätigung der Pensionskasse in Bezug auf vollständig gezahlte Prämien
□ Pensionskassenreglement
□ Pensionskassenvertrag und weitergehende Dokumente
□ Pensionskassenpläne
□ Bestätigung der Sozialversicherung in Bezug auf vollständige gezahlte Prämien
□ Bestätigung der Ausgleichskassen in Bezug auf vollständig gezahlte Prämien
□ Bestätigung der BU/NBU in Bezug auf vollständig gezahlte Prämien
□ Dokumente/Vorlagen zu Mitarbeiterbeurteilungsgesprächen
□ Beispiel einer Aus- und Weiterbildungsvereinbarung (inkl. Reglement)
□ Liste aller HR-Systeme und entsprechenden Verträgen (Dauer, Kündigungsfrist), ggf. Angaben zu ausgelagerten HR-Prozessen

Checkliste Due Diligence – Sales *

□ Rahmenverträge
□ Anonymisierte Kundenliste mit Umsätzen der letzten drei Geschäftsjahre
□ (Wenn möglich) Umsätze gegliedert nach Produkt, Produktgruppe, Region o. Ä.

- □ (Wenn möglich) entsprechend gegliederte Deckungsbeitragsrechnung
- □ Typische Kalkulationsunterlagen
- □ Aktuelle Sales-Pipeline (Funnel) mit Split nach Bestandskunden und Neukunden
- □ Liste mit gekündigten bzw. nicht verlängerten Verträgen der letzten 24 Monate
- □ Marketing- und Verkaufsunterlagen, Broschüren
- □ (Wenn relevant) Preislisten und Rabattstaffeln

* Erfahrungsgemäß werden zum Thema *Sales* wenige Informationen in den VDR gestellt. Hier sind vor allem die Expertengespräche sinnvoll.

Checkliste Due Diligence – Steuer & Versicherungen

- □ Steuererklärungen inklusive Beilagen der Gesellschaft sowie Steuerbescheide der letzten fünf Jahre
- □ Letzte fünf definitive Steuerveranlagungen von Kanton, Gemeinde und Bund
- □ Gab es in den letzten fünf Jahren Steuerprüfungen oder wurden Vereinbarungen mit Steuerbehörden getroffen? Traten folgende Ereignisse auf: Einsprachen, Beschwerden, Streitigkeiten, Revisionen?
- □ Bestätigung der Steuerbehörden bezüglich Bezahlung der Gemeinde-, Staats- und Bundessteuer
- □ Mehrwertsteuer-Quartalsdeklarationen der letzten fünf Jahre, inklusive Umsatzabstimmung zwischen der Mehrwertsteuerdeklaration und der Erfolgsrechnung

- □ Bestätigung der Steuerbehörden bezüglich Bezahlung der Mehrwertsteuer
- □ Bericht der letzten Mehrwertsteuerrevision
- □ Kopien der Formulare 103 und 106 der letzten fünf Jahre
- □ Liste aller Versicherungen der Gesellschaft, inkl. der einzelnen Verträge
- □ Liste aller der Versicherung gemeldeten Schadensfälle oder sonstigen Vorfälle der letzten fünf Jahre

Checkliste Due Diligence – Einkauf

- □ Einkaufsvolumen bei den zehn wichtigsten Lieferanten in den letzten drei Jahren
- □ Angabe von neuen und weggefallenen Lieferanten in den letzten drei Jahren
- □ Warenbestandslisten, inkl. Datum des Zugangs
- □ Lagerumschlaghäufigkeit

Und es ist tatsächlich eine Gratwanderung. Einige der zusätzlichen Anfragen sind absolut berechtigt und sollten für einen potenziellen Käufer beantwortet werden. Denn versetzen wir uns einmal in die Lage des potenziellen Käufers. Der Fragensteller hat eine vorgegebene Liste abzuarbeiten. Er selbst muss seine Erkenntnisse aus der Due Diligence an eine nächsthöhere Stelle weitergeben. Von dort kann es durchaus weitergehen, wenn nämlich z. B. noch fremdes Kapital durch eine Bankenfinanzierung besorgt werden muss. Denn auch die Banken werden kritische Fragen stellen und wollen diese beantwortet haben.

Es gibt aber ebenfalls viele Fragen, die man der Kategorie »nice to have« zuordnen kann. Sie stillen vielleicht die Neugier des Fragenden, aber leisten keinen Mehrwert bei der Plausibilisierung des Kaufpreisangebotes. Denn um das geht es schlussendlich in einer DD. Reden Sie mit Ihrem M&A-Berater, ob die eingehenden Fragen Usus sind oder ob man die Beantwortung zurückweist. Überlegen Sie sich aber auch, wie Sie mit möglichen negativen Tatsachen umgehen möchten, die Sie nicht verheimlichen können und die spätestens in einer Due Diligence aufgedeckt werden. Dazu zählen z. B. Rechtsstreitigkeiten, Unterdeckungen in der Pensionskasse und eventuell vorhandene Bodenkontaminationen. Die Erfahrung zeigt, dass es sinnvoll ist, proaktiv solche Tatsachen aufzudecken und Ihre Lösungsansätze zu benennen. Potenzielle Käufer scheuen solche Risiken, aber es erhöht das Vertrauen in Sie als Verhandlungspartner, wenn der Käufer nicht zufällig darauf stößt.

Management-/Expertengespräche

Parallel zur Due Diligence laufen häufig Gespräche auf Managementstufe. Denn bisher wurden von den Kaufinteressenten nur Dokumente studiert, es gab aber noch keinen oder nur einen sehr geringen direkten Austausch mit dem aktuellen Management. Für den potenziellen Käufer sind diese Managementgespräche aus mehrerlei Hinsicht wichtig: Als Käufer will man in diesen Gesprächen bestätigt sehen, was man vorher nur gelesen hat. Kommt es hier zu Widersprüchlichkeiten, ist das oft kein gutes Zeichen für den Käufer. Außerdem möchte man ein Gefühl dafür bekommen, ob man diesen Personen zutraut, die im Businessplan genannten Ziele auch erreichen zu können.

Denn für diese Fantasie in die Zukunft zahlt schlussendlich ein Käufer. Nicht für die tollen Ergebnisse aus der Vergangenheit! Dessen müssen Sie sich als Verkäufer immer im Klaren sein.

Ein bewährter Tipp für Sie: Trainieren Sie mit Ihrem Management diese Situation. Nutzen Sie die Gespräche auf der Managementstufe, um nochmals Ihren Sales-Pitch vorzubringen. Dabei hat jeder Vertreter Ihres Unternehmens seine Rolle, auf die er sich vorbereiten kann. Üben Sie dies unbedingt im Vorfeld ein (laut vorsprechen!), dann merken Sie sehr schnell, ob Ihre Story schon rund ist oder ob Sie nochmals nachbessern möchten. Es schadet nicht, auch eine kleine Firmenpräsentation zur Hand zu haben. Hier sind zum Einstieg einige Folien über das Unternehmen oft hilfreich.

Neben den Gesprächen auf Managementstufe können noch Gespräche auf Expertenstufe geführt werden. Hier kommen die Fachexperten beider Seiten zusammen. So kann es ein Expertengespräch zum Thema *Sales*, *HR*, zu *Finanzen*, zum *Betrieb* und zur *Produktion* geben. Hier geht es also nicht mehr um einen Sales-Pitch, sondern um handfeste und fachspezifische Fragen.

Und noch etwas: Beschränken Sie die Dauer dieser Expertengespräche. Versuchen Sie es auf eine Stunde zu begrenzen, bei komplexeren Themen können Sie auch mal zwei Stunden gewähren. Ziehen Sie eine klare Linie, sonst werden Sie immer weiter überhäuft mit neuen Fragen.

Verbindliche Angebote

Wenn Sie immer noch mehrere potenzielle Käufer an der Hand haben, bestimmen Sie weiterhin das Tempo. In der Regel geben Sie den Kandidaten ab der Öffnung des VDR vier Wochen

Zeit für das Einreichen eines verbindlichen Angebotes (*Binding Offer*).

Nun ist es wieder an Ihnen, die Angebote zu beurteilen. Zählt für Sie nur der Preis oder gibt es noch andere Komponenten, die mit in die Entscheidung einfließen? Gibt es in den Angeboten »Deal Breaker«, die für Sie inakzeptabel oder nicht verhandelbar sind?

Je nach der Ausgangslage nach Eingang der verbindlichen Angebote entscheiden Sie, mit wie viel Kandidaten Sie in die Vertragsverhandlungen einsteigen. Vielleicht ist es nur ein Kandidat, vielleicht sind es auch zwei bis drei. Wenn Sie nur einen Kandidaten für Vertragsverhandlungen einladen, haben Sie ein Problem, wenn Sie sich mit ihm am Ende nicht einig werden. Laden Sie drei ein, können Sie schnell ein eigenes Ressourcenproblem bekommen, all diese Verhandlungen stemmen zu können.

Der Kaufvertrag

Um nun zügig weiterzukommen, braucht es einen Kaufvertrag bzw. einen ersten Kaufvertragsentwurf. Er wird auch oft mit »SPA« abgekürzt und steht für *Share Purchase Agreement*, also Aktienkaufvertrag.

Der Detaillierungsgrad und damit die Länge eines Kaufvertrages hängen stark von der Komplexität der Transaktion ab, aber auch mit den Präferenzen der Vertragsparteien. Dabei hat sich in der Praxis herausgestellt, dass die ausführlicheren Verträge nicht immer die besseren Verträge sind. So gibt es trotzdem Streitigkeiten und Unstimmigkeiten bei der späteren Auslegung des Vertrages. Auch kann die Gliederung eines Kaufvertrages je nach Anwalt ganz anders daherkommen.

Damit Sie einen ersten Eindruck gewinnen können, was in so einem Vertrag abgehandelt wird, folgt hier eine Gliederung zur Illustration:

1. Präambel, Auslegung und Definitionen
2. Vertragsgegenstand (Verkauf und Kauf der Aktien)
3. Kaufpreis (Betrag & Bezahlung, ggf. auch *Earn-Out*-Regelungen)
4. Garantien/Zusicherungen des Verkäufers (für die Zeit zwischen Abschluss (*Signing*) und Vollzug (*Closing*))
5. Vollzugsbedingungen (zu erfüllende Punkte bis zum Closing)
6. Vollzug (Beschreibung des Ablaufs am Tag des Closings)
7. Garantien/Zsicherungen des Verkäufers (ab Closing) (Liste von Zusicherungen, für deren Korrektheit er haftet)
8. Rechtsbehelfe des Käufers (Regelung des Vorgehens bei Unkorrektheit einer Zusicherung)
9. Rechtsbehelfe des Verkäufers (Regelung des Vorgehens bei Unkorrektheit einer Zusicherung)
10. Vertraulichkeit, Schriftlichkeitvorbehalt, Teilungültigkeit
11. Abschließende Vereinbarungen
12. Anwendbares Recht und Gerichtsstand

Beispiele für mögliche Anhänge zum Kaufvertrag

- Anhang 1: Letzter revidierter Jahresabschluss
- Anhang 2: Arbeitsvertrag zwischen Verkäufer und Käufer
- Anhang 3: Gewerbliche Schutzrechte/Immaterialgüterrechte
- Anhang 4: Mitarbeiterliste
- Anhang 5: Liste Anlagen/Maschinen
- Anhang 6: Verkauf Grundstück
- Anhang 7: Sonstige Vereinbarungen

Vor allem, wenn Sie mit wesentlich größeren potenziellen Käufern verhandeln, versuchen diese, einen eigenen ersten Kaufvertragsentwurf einzubringen. Lehnen Sie das unbedingt ab. Denn der Kaufvertragsentwurf bildet die Basis für die Vertragsverhandlungen. Hier geht es u. a. um Themen wie die Höhe des Kaufpreises, um Garantien und um den Übertragungszeitpunkt. Setzen Sie zuerst die Latte nach Ihren Vorstellungen und wissen Sie, in welchen Punkten Sie nachgeben könnten und wo es für Sie keinen Verhandlungsspielraum gibt. Doch geben Sie nicht überall zu schnell nach, sondern nutzen dies als Verhandlungsmasse, wenn es am Ende der Verhandlungen auf die letzten Meter geht. Am Ende ist eine Vertragsverhandlung wie Poker.

Bedenken Sie beim Kaufvertrag eines: Es geht hier v. a. um **Risikoallokation**. Welche Risiken gibt es bzw. kann es geben und wer trägt sie? Darum geht es schlussendlich immer in einem solchen Vertrag. Unterschätzen Sie auch nicht die **Informationsasymmetrie**. Eine Due Diligence kann noch so umfangreich sein, Sie werden als Verkäufer aber immer einen Wissensvorsprung vor Ihrem Käufer haben. Das ist auch der Grund, warum es Gewährleistungen im Kaufvertrag braucht.

Aber Achtung: Der Käufer behauptet gern, er brauche zu seinem Schutz weitreichende Gewährleistungen und Schadloshaltungen im Vertrag. Die durchgeführte Due Diligence hätte keinen Einfluss auf die Ausgestaltung der Gewährleistungen. Das Gegenteil ist hier aber der Fall! Alles, was Sie als Verkäufer in der Due Diligence offengelegt haben, kann Ihnen später nicht zu Ihrem Nachteil ausgelegt werden. Schließlich haben Sie dem Käufer diese Sachverhalte nicht vorenthalten. Deshalb braucht es im Kaufvertrag auch keine allzu weitreichenden Zusicherungen von Ihnen. Das bedeutet im Umkehrschluss für Sie: Versuchen Sie nichts in der Due Diligence zu verheimlichen. Seien Sie transparent. Es hilft Ihnen bei der Formulierung Ihrer Haftungsverpflichtungen.

Vertragsverhandlungen

Lassen Sie uns auf andere wichtige Punkte des Kaufvertrages zu sprechen kommen, über die in Vertragsverhandlungen häufig kontrovers diskutiert wird.

Das Thema **Kaufpreisgestaltung und Auszahlungsmodalitäten** interessiert Sie als Verkäufer in der Regel am meisten. Den Preis an sich haben Sie ja bereits im LoI festgelegt und wenn die Due Diligence nicht maßgebliche Risiken aufgedeckt hat, wird sich an der Höhe des Kaufpreises auch nicht mehr viel verändern. Sie können sich aber vorstellen, dass es bei den Modalitäten zur Auszahlung des Kaufpreises diametrale Meinungen zwischen Ihnen und dem Käufer geben kann. Sie hätten am liebsten per Vertragsabschluss die ganze vereinbarte Kaufpreissumme. Und der Käufer möchte gern einen Teil der auszuzahlenden Summe vom Erreichen einiger Ziele abhängig machen. So hat der Käufer noch eine gewisse Sicherheit, nicht alles zahlen zu müssen, wenn gewisse Ziele in den kommenden Jahren nicht erreicht wurden. Man spricht hier vom sog. *Earn Out*.

Ein *Earn Out* ist beim Verkäufer unbeliebt, aber ist in den meisten Fällen üblich. Ein Finanzinvestor wird sich selten auf einen Vertrag ohne Earn-Out-Komponente einlassen, ein strategischer Investor manchmal. Vor allem branchenfremde Investoren und Finanzinvestoren werden es häufig als zwingende Bedingung formulieren, dass Sie nach dem Verkauf noch im Unternehmen verbleiben und gleichzeitig einen Teil des zukünftigen finanziellen Risikos tragen. Denn der Käufer braucht auch eine gewisse Sicherheit, dass nicht morgen alles zusammenfällt. Vor allem, wenn der Käufer nicht aus der Branche kommt. Seien Sie sich also allerspätestens jetzt darüber im Klaren, ob Sie nach dem Verkauf im Unternehmen bleiben möchten.

Für Sie als Verkäufer kann ein solches Earn Out sehr schnell zu großem Frust führen. Denn häufig haben Sie es gar nicht mehr selbst in der Hand, die Bedingungen für die Auszahlung des vollen Earn Outs zu bestimmen, selbst wenn Sie weiterhin im Unternehmen tätig sein sollten. Die Höhe des effektiv auszuzahlenden Earn Outs kann sich z. B. am Erreichungsgrad von Umsatz- oder Gewinnzielen festmachen. Es kann auch an der Bindung von Kunden und/oder Schlüsselmitarbeitern hängen. Am Ende der Earn-Out-Phase gibt es mitunter immer wieder Diskussionen, wie hoch nun die Auszahlung sein muss. Ehemals als eindeutig definierte Messkriterien sind auf einmal nicht mehr so klar.

Ein weiterer Vorschlag des Käufers könnte sein, dass Sie zu Beginn nur die Mehrheit an Ihrem Unternehmen verkaufen. Sie halten weiterhin eine Minderheit, die Sie in der Regel nach zwei bis fünf Jahren zum dann aktuellen Unternehmenswert an die Käufer verkaufen. Idealerweise deckt sich dieser Zeitraum auch mit Ihrem weiteren Engagement in Ihrem verkauften Unternehmen. Die Berechnungsformel für den Unternehmenswert sollte schon vertraglich geregelt sein, sodass es später nicht zu unnötigen Diskussionen kommt. Häufig wird hierzu ein Multiple auf eine Gewinngröße (EBIT, EBITDA oder Jahresgewinn vor Steuern) festgelegt. Diese Möglichkeit bietet Chancen und Risiken für Sie. Erhöht sich in der Zeit seit dem initialen Verkauf der Mehrheit der Unternehmenswert, so profitieren Sie von einer höheren Auszahlung. Es kann aber auch genau umgekehrt laufen. Zudem kann die Ermittlung des EBITDA problematisch sein, wenn in der Zwischenzeit bereits Integrationsmaßnahmen erfolgt sind. Dann ist es fast nicht mehr möglich, eine vergleichbare Basis zu schaffen.

Haben Sie sich schlussendlich auf ein Earn Out geeinigt und der Kaufpreis wird gestaffelt ausbezahlt, so ist es für Sie wichtig, dass die späteren Zahlungen auch gesichert sind. Ein Verkäufer wird Ihnen selbst nicht den Vorschlag machen, aber nutzen Sie die Möglichkeit eines sog. *Escrow Agreements.* Das bedeutet, dass die später zu zahlenden Beträge schon mit dem Closing auf ein Sperrkonto überwiesen werden. Die Auszahlung kann nur erfolgen, wenn die Bedingungen aus dem Escrow Agreement erfüllt sind. Somit haben Sie die Sicherheit, dass das Geld am Ende der Earn-Out-Phase auch wirklich vorhanden ist, selbst wenn Unvorhergesehenes mit dem Käufer passiert.

Der nächste größere Block im Kaufvertrag bezieht sich auf **Garantien/Zusicherungen von Ihnen als Verkäufer für die Zeit zwischen Abschluss (Signing) und Vollzug (Closing)** sowie um eventuell noch zu erfüllende Vollzugsbedingungen, welche vor dem Vollzug (Closing) zu erledigen sind. Sie können sich noch nichts darunter vorstellen?

Aufgrund der häufigen zeitlichen Trennung zwischen Abschluss des Kaufvertrages (Signing) und dem rechtlichen Übergang des Eigentums zu einem Übergabestichtag (Closing) entsteht eine Übergangsphase, in der Sie als Verkäufer noch das Unternehmen leiten, aber der Käufer sicherstellen möchte, dass Sie in seinem Interesse agieren (zu den Gründen für die zeitliche Trennung siehe Kapitel 5).

Die meisten Zusicherungen, die Sie in diesem Vertragsabschnitt geben, werden für Sie wie »gesunder Menschenverstand« klingen und sind zumeist unkritisch in der Vertragsverhandlung. In Bezug auf die Geschäftsführung sagen Sie im Wesentlichen zu, dass Sie nach dem Signing im Interesse des zukünftigen Eigentümers handeln und keine größeren Rechtsgeschäfte mehr ohne seine Zustimmung tätigen.

In Bezug auf noch zu erfüllende Bedingungen bis zur Eigentumsübergabe kann es um Punkte gehen wie Beendigung von Aktionärsbindungsverträgen, Rückzahlung aller Darlehen zwischen der Gesellschaft und den Aktionären sowie den Abschluss eines neuen Arbeitsvertrages für Sie, wenn Sie nach dem Verkauf noch als Angestellter im Unternehmen bleiben. Dies sind nur einige Beispiele, viele weitere Punkte sind ebenfalls möglich.

Im Kaufvertrag geht es außerdem noch um die Höhe und Dauer von **Garantien und Zusicherungen,** die von Ihnen als

Verkäufer nach Eigentumsübertragung gefordert werden. Der Käufer möchte sich trotz einer eingehenden Due Diligence nicht böse überraschen lassen, wenn aus der Vergangenheit noch unerwartete Forderungen von Dritten auftauchen sollten. Das können z. B. Nachforderungen vom Steueramt oder der Sozialversicherung sein, eventuelle Garantieverpflichtungen oder gar Strafzahlungen. Sie selbst können sicherlich das Risiko solcher Forderungen bzw. auch deren Eintrittswahrscheinlichkeit relativ gut einschätzen.

Häufig anzutreffende Zusicherungen in Kaufverträgen:

- Zusicherung, dass Sie der rechtmäßige Eigentümer Ihres Unternehmens sind und Sie berechtigt sind, den Verkauf durchzuführen
- Zusicherung in Bezug auf die ordnungsgemäße Erstellung der Jahresabschlüsse (z. T. inklusive Negativerklärung in Bezug auf verdeckte Gewinnausschüttungen)
- Zusicherung in Bezug auf die vollständige Zahlung aller Steuern
- Zusicherung in Bezug auf die Mindesthöhe des Eigenkapitals zum Zeitpunkt der Vertragsunterzeichnung
- Zusicherung zur Einhaltung aller relevanten Umweltvorschriften
- Negativerklärung in Bezug auf laufende und zu erwartende Rechtsstreitigkeiten

Stehen Sie für die Vergangenheit gerade, in der Sie noch in der Verantwortung waren. Aber begrenzen Sie unbedingt die Dauer

Ihrer Haftung und den Maximalbetrag, mit dem Sie noch haften. Stellen Sie sich darauf ein, dass es hier langwierige Diskussionen mit dem potenziellen Käufer geben kann und dass diese Punkte erst ganz am Ende der Verhandlungen final beschlossen werden.

Noch ein Tipp für die Verhandlungen an sich und Eskalationsmöglichkeiten an eine »höhere Stelle«: Wenn Sie mit Vertretern größerer Unternehmen oder Konzernen verhandeln, werden Sie immer wieder Folgendes zu hören bekommen: »Diesen Punkt müssen wir noch abklären / müssen wir von höherer Stelle genehmigen lassen / können wir nur mit einem Gremienvorbehalt zustimmen.« Einmal gemachte Zugeständnisse können so vom Käufer unter Berufung auf Konzernrichtlinien wieder zurückgenommen werden.

Aber wie handhaben Sie so etwas? Als Inhaber sind Sie vermeintlich die letzte Instanz. Wenn Sie ein Zugeständnis in einer Verhandlung machen, dann ist es quasi in Stein gemeißelt. Denn Sie stehen ja schließlich zu Ihrem Wort. Aber vielleicht können Sie sich auch so eine höhere Instanz schaffen. Dies könnte z. B. der Verwaltungsrat sein, mit dem Sie sich (vermeintlich) zu diesem oder jenem Punkt noch abstimmen müssen, bevor Sie definitiv zusagen können. So schaffen Sie sich die gleiche Hintertür, wie es Ihr Gegenüber macht.

Phase 5
Vertragsabschluss – Unterschrift, Zahltag und alles, was danach noch folgt

»Am Ende wollten wir nur noch den Deal abschließen.«

Signing und Closing

Die Unterzeichnung des Kaufvertrags (Signing) ist in vielen Fällen nicht gleichbedeutend mit der Übertragung der Unternehmensanteile (Closing). Oft werden aufschiebende Bedingungen (*Closing Conditions*) im Kaufvertrag vereinbart, die vor der Zahlung erfüllt werden müssen (Klein, 2019).

Typische Beispiele für *Closing Conditions* sind:

- Beilegung rechtlicher Auseinandersetzungen
- Verabschiedung der Abgrenzungsbilanz
- Etwaige Gremienzustimmungen
- Kartellrechtliche Freigaben

So kann zwischen *Signing* und *Closing* eine Woche liegen. Es kann sich aber auch mehrere Monate hinziehen, bis tatsächlich Geld gegen Unternehmensanteile getauscht wird.

Der eigentliche Prozess sowohl des Signings als auch des Closings läuft in der Regel reibungslos ab und ist eine Formalie, da im Vorfeld die Anwälte alles sauber vorbereitet haben. Es gibt aber auch vereinzelt Fälle, bei denen noch am Tag vor oder sogar an dem gleichen Tag des Signings eine der Parteien eine Änderung am Vertrag wünscht. Das stößt für gewöhnlich auf wenig Gegenliebe bei der anderen Partei.

Am Tag des Closings wird zunächst überprüft, ob die Closing Conditions erfüllt sind. Ist dies der Fall bzw. besteht zwischen beiden Parteien Einigung zum Erfüllungsgrad, kann zur Zahlung des Kaufpreises gegen gleichzeitige Übergabe der Eigentumszertifikate (Aktien) der Deal abgeschlossen werden. Kündigen Sie bei Ihrer Bank im Vorfeld an, dass heute ein größerer Betrag auf Ihrem Konto eingehen wird. Fragen Sie nach der Überweisung des Geldes durch den Käufer direkt bei Ihrer Bank nach einer Bestätigung des Zahlungseingangs. Erst nach Erhalt dieser Bestätigung übergeben Sie Ihre Aktien. Noch ein paar Unterschriften und Sie verlassen den Ort der Transaktion als ein anderer, der vorher gekommen ist. Nun folgen ganz andere Herausforderungen für Sie, denn es ist noch lange nicht zu Ende mit dem Zahlungseingang auf Ihrem Konto.

Wann sage ich es der Welt?

Unterschätzen Sie das Thema *Kommunikation* nicht und bereiten Sie dies akribisch vor. Erstellen Sie einen Zeitplan, den Sie mit dem Verkäufer abstimmen, sodass beide Seiten gleichzeitig kommunizieren. Doch wann ist der richtige Zeitpunkt für die Kommunikation? Die großen Deals, von denen Sie in der Zeitung lesen, werden in der Regel zum Zeitpunkt des Signings publiziert. Doch mittelständischen Unternehmern ist das zu früh. Sie wollen wirklich die absolute Gewissheit haben, dass der Deal in trockenen Tüchern und das Geld geflossen ist. Deshalb wird in dieser Deal-Kategorie zumeist erst zum Zeitpunkt des Closings kommuniziert. Bereiten Sie schon die gesamte Kommunikation vor der Vertragsunterzeichnung, auch in Absprache mit dem Käufer, vor. Schreiben Sie bereits die Pressetexte und erstellen Sie eine Adressatenliste, an wen Sie welche Texte verschicken wollen (Lokalzeitung, Fachpresse, Radio). Bereiten Sie auch Infobriefe bzw. Mails vor, die Sie an Ihre Kunden und Lieferanten senden möchten. Seien Sie sich bewusst, wie Sie den Deal auf Ihrer Website und auf Social Media publizieren möchten.

Wann sage ich es meinen Mitarbeitern?

Das ist der ganz heikle Moment. Denn WIE Sie es Ihren Mitarbeitenden sagen, kann schon einen ganz entscheidenden Beitrag dazu leisten, ob der Integrationsprozess gelingt und die wichtigen Mitarbeiter an Bord bleiben. Deshalb planen Sie dies ganz genau und versetzen Sie sich bei der Planung immer wieder in die Situation Ihrer Mitarbeitenden. Wie würden Sie die Mitteilung auffassen, wenn sie auf die eine oder andere Art herübergebracht wird?

Informieren Sie Ihre Mitarbeiter nach Möglichkeit persönlich. Laden Sie sie z. B. zu einem Townhall-Meeting ein. Kommen Sie in Ihrer Ansprache gleich zum Punkt und schildern Sie

Ihre persönlichen Beweggründe für diesen Schritt. Überlegen Sie im Vorfeld, ob bei diesem Anlass auch schon Vertreter des Käufers auftreten. Dies hat sich oft bewährt, denn so bekommen die Mitarbeitenden schnell auch ein Gefühl dafür, wer sie nun gekauft hat und welche Absichten er mit diesem Kauf verfolgt. Hier gilt: Überfahren Sie die Mitarbeitenden nicht mit zu vielen Informationen. Der Anlass muss nicht länger als eine halbe Stunde gehen. Direkt im Anschluss bietet sich ein Apéro mit Getränken und Snacks an, wo Mitarbeiter mit ihren Kollegen, mit ihren Vorgesetzten, mit Ihnen und auch mit Vertretern des Käufers zusammenkommen können, um sich auszutauschen.

Im Idealfall haben Sie vor dieser Veranstaltung schon Ihre Führungskräfte informiert. So haben diese einen kleinen Wissensvorsprung und können sich schon einmal mit der Situation anfreunden, bevor die eigenen Teams davon erfahren. Denn die Verunsicherung wird bei allen Beteiligten in den ersten Tagen, Wochen und Monaten groß sein. Es wird viel Redebedarf bestehen, um die persönlichen Befindlichkeiten des Einzelnen zu hören, zu verstehen und ernst zu nehmen.

Im folgenden Kapitel werden wir ausführlicher auf die Phase der sog. *Post Merger Integration* eingehen.

Was mache ich nun mit dem ganzen Geld?

Eine ganz andere Frage, die sich nun für Sie als Privatperson stellt, betrifft das eingenommene Geld. Im ersten Moment ist die Freude meist riesig, in einem zweiten Schritt stellt sich jedoch die Frage, wie das Geld am besten und gewinnbringend angelegt werden kann.

Diese Frage sollten Sie sich idealerweise bereits vor dem Unternehmensverkauf gestellt haben. Auch hier empfehle ich Ihnen, lassen Sie sich von einem Vorsorge- und/oder Vermögensverwaltungs-Experten beraten. Denn ein individueller und steueroptimierter Anlageplan erfordert meistens eine längere Vorlaufzeit.

Phase 6
Post Merger Integration – die Pflicht nach der Kür

»Die Planungen für die Integration haben hoffentlich schon weit vor diesem Zeitpunkt angefangen.«

Herzlichen Glückwunsch! Es ist der erste Tag, an dem nichts mehr so ist, wie Sie es vorher noch kannten. Sie sind nicht mehr der eigene Chef im Haus. Wird es sich befreiend oder bedrückend anfühlen oder ist da zunächst eine große Ungewissheit bei Ihnen, was die Zukunft nun bringt?

Sie sind ab sofort in einer Zwickmühle. Sie sind zwar selbst nicht in der Verantwortung, dass der Übergang zum neuen Eigentümer reibungslos und erfolgreich gelingt, Sie verspüren aber vielleicht eine moralische Verpflichtung im Hinblick auf Ihre alten Mitarbeiter und treuen Kunden. Außerdem hängen Sie gegebenenfalls auch mit einem Earn Out am Erfolg, dass der Übergang funktioniert.

Dabei macht es im Weiteren einen Unterschied, ob Ihre alte Firma vom Käufer in sein Unternehmenskonstrukt integriert wird oder ob Sie von einer Private-Equity-Firma gekauft wurden und nun Ihre alte Firma als eigenständiges Unternehmen mit neuem Eigentümer zunächst im Großen und Ganzen bestehen bleibt.

Ich werde hier nur in Grundzügen die Theorie der *Post Merger Integration* erläutern. Im Kontext dieses Buches ist es mir viel wichtiger aufzuzeigen, was der ganze Integrationsprozess für Sie selbst bedeutet und was auf Sie zukommen kann.

Die Planung der Tage und Wochen nach dem Deal

Mit der *Post Merger Integration* (PMI) bezeichnet man den Prozess der Zusammenführung von zwei oder mehreren Unternehmen. Die Integration umfasst im Wesentlichen die Angleichung Ihrer Kulturen, der Geschäftsprozesse und der Systeme. Dies ist ein komplexes und zeitaufwändiges Unterfangen. Es ist aber für den Erfolg der Transaktion von zentraler Bedeutung. Hier entscheidet sich maßgeblich, ob der Käufer sein Geld gut investiert hat.

Die PMI stellt sicher, dass die zusammenkommenden Unternehmen als eine Einheit mit einer klaren Strategie und Ausrichtung agieren können. Sie trägt dazu bei, dass sich die Mitarbeiter uneingeschränkt auf die neue Unternehmenskultur einlassen. Letztendlich stellt erst die PMI sicher, dass eine Übernahme erfolgreich ist und das Versprechen von Wachstum und Wertschöpfung einlöst. Wenn es jedoch schlecht gemacht wird, kann es zu Störungen, Kostenüberschreitungen und sogar zum Scheitern des Geschäfts führen. Daher ist die PMI ein entscheidender Erfolgsfaktor für jedes Unternehmen, das durch M&A wachsen möchte.

Die Planung der PMI sollte schon weit vor dem Abschluss der Transaktion erfolgen. Das klingt so logisch, ist aber bei Weitem keine Selbstverständlichkeit auf der Seite des Käufers. Zu sehr ist der Käufer zum einen mit dem eigenen Tagesgeschäft, zum anderen mit der M&A-Transaktion an sich beschäftigt.

Das kann dazu führen, dass man sich auf der Käuferseite erst kurz vor Abschluss des Deals um die genaue Planung der PMI kümmert. Dass man dann ein klares Bild zur genauen Ausgestaltung der Integration hat und dass diese auch glaubhaft und verständlich kommuniziert werden kann, darf aufgrund der Erfahrungen bezweifelt werden.

Der erste Schritt der PMI besteht darin, einen klaren Plan für die Integration der beiden Unternehmen zu entwickeln. Dieser Plan sollte sich mit allen Aspekten und Stakeholdern befassen. Großer Fokus sollte jedoch vor allem auf zwei Gruppen liegen: auf den Mitarbeitenden und auf den Kunden. Sobald der Plan steht, ist der nächste Schritt die Umsetzung. Dabei geht es darum, den Plan in die Tat umzusetzen und sicherzustellen, dass alle Beteiligten ihre Aufgaben und Verantwortlichkeiten verstehen.

Doch auch bei sorgfältiger Planung können Herausforderungen auftreten. So kann es vorkommen, dass sich Mitarbeiter gegen Veränderungen sträuben oder nur widerwillig mit neuen Kollegen zusammenarbeiten wollen. Außerdem können inkompatible Systeme oder Prozesse zu Störungen führen und Frustration hervorrufen. Wenn sich Unternehmen jedoch die Zeit nehmen, den Integrationsprozess nach der Transaktion sorgfältig zu planen und durchzuführen, können diese Herausforderungen gemeistert werden und einen nahtlosen Übergang sicherstellen.

Es gibt ein paar Dinge, die Unternehmen machen können, um sicherzustellen, dass die Integration nach der Übernahme so reibungslos wie möglich verläuft. Zum einen ist es wichtig, allen Mitarbeitern die Ziele des Käufers mit dieser Transaktion klar zu vermitteln. Diese können zum Beispiel sein: Effizienzsteigerungen und Kostenvorteile erzielen, verbesserte Wettbewerbsvorteile durch Größenvorteile, die Erschließung von neuen Märkten und geografischen Gebieten etc. Des Weiteren muss der Käufer dafür sorgen, dass es einen klaren Plan für die Integration der Unternehmen gibt und dass alle Mitarbeiter ihre Rolle in diesem Prozess verstehen. Und schließlich ist es wichtig, dass die Mitarbeiter während der Übergangsphase kontinuierlich informiert, unterstützt und geschult werden. Mit diesen Schritten können Unternehmen dazu beitragen, dass die Integration nach der Fusion so reibungslos wie möglich verläuft.

Meine Tage und Wochen nach dem Deal

Ich wünsche Ihnen, dass die Tage, Wochen und Monate nach Vollzug des Deals für Sie erfreulich verlaufen und Sie mit der neuen Situation zufrieden und glücklich sind. Aber die Realität kann auch anders aussehen. Und schließlich haben Sie mich nach den möglichen Stolperfallen und Frustpotenzialen gefragt. Da male ich gelegentlich vielleicht schwärzer, als es tatsächlich bei Ihnen sein wird. Ich schildere Ihnen nun einfach einige Situationen, wie sie schon häufiger vorgekommen sind:

Situation 1 – Erster Wortbruch am ersten Tag:
Stellen Sie sich vor, Sie und Ihr Käufer waren wirklich gewissenhaft. Neben allen Verhandlungen haben Sie sich schon partnerschaftlich zusammengesetzt, sich ausgetauscht und darüber gesprochen, welche Rolle Ihr Unternehmen in dem neuen Konstrukt haben wird. Sie haben auch schon detailliert besprochen, wie genau die Kommunikation gegenüber den Mitarbeitern erfolgen soll, denn dies ist der allererste wichtige Schritt in der PMI. Sie treten gemeinsam mit dem Käufer vor Ihre

Mitarbeiter und erklären in kurzen Worten, dass Sie Ihr Geschäft verkauft haben, warum Sie dies getan haben und warum es ebendieser Käufer geworden ist. Im tiefsten Brustton Ihrer Überzeugung schildern Sie, warum Sie genau bei diesem Käufer das Gefühl haben, es sei der richtige Partner für die Weiterentwicklung des Unternehmens und der Mitarbeiter. Sie übergeben das Wort nun an den Vertreter des Käufers. Doch dieser erzählt plötzlich eine ganz andere Story als das, was ursprünglich vereinbart war. Die Story ist nicht mehr rund und Sie spüren mit jeder weiteren Minute, wie die Verunsicherung bei Ihren Mitarbeitern steigt. So haben Sie sich das nicht vorgestellt. Wie stehen Sie plötzlich da?

Situation 2 – Admin-Frust und politische Spiele:
Bisher waren Sie es gewohnt, eigenständig, schnell und pragmatisch Entscheidungen treffen zu können. Nun finden Sie sich jedoch in einer größeren Organisation wieder. Sehr viel ist geregelt. Seitenweise geschriebene Reglemente, die Sie nun gefälligst in kürzester Zeit kennen und beherrschen sollten. Denn alles muss seinen genauen Gang gehen, sonst wird es nicht akzeptiert. Ihre eigenen Freiräume sind stark eingeschränkt. Standardisierung, klare Prozesse und die Einhaltung der Compliance sind oberstes Gebot. Leicht vorstellbar, dass dies eine völlig neue Welt für Sie ist, für die Sie auch wenig Verständnis entgegenbringen können. Denn Sie als erfahrener Unternehmer merken, dass alles plötzlich so langsam und träge vonstattengeht. Rasches Ergreifen von Opportunitäten, schnelle Reaktion auf Marktgeschehnissen sowie absolute Kundenzentrierung werden durch ein Chaos an Administration und zu befolgenden Prozessen im Keim erstickt.

Situation 3 – Nichts als Ärger mit einem neuen Kollegen: Stellen Sie sich vor, dass Sie nun in der Geschäftsleitung Ihres Käufers sitzen. Ihre alten Mitarbeiter sind an verschiedenen Orten der Organisation eingegliedert worden. Ihr Aufgabengebiet ist klar abgegrenzt von denen der anderen GL-Mitglieder – vermeintlich. Denn ein Kollege ist auf einmal überhaupt nicht amüsiert, dass Sie in seinem »Gehege« unterwegs sind. Er lässt Sie sehr klar wissen, dass Sie bitte schön nicht mehr auf Ihre alten Mitarbeiter zugehen sollen, die nun ihm unterstellt sind. Ihnen geht es noch nicht einmal um fachliche Themen, sondern vielmehr um die Menschen, Ihre alten Mitarbeiter, die Sie gern bei der Integration unterstützen würden und um Ihnen etwaige Sorgen nehmen zu können. Und Sie stehen plötzlich sehr allein da mit Ihrer Zerrissenheit, wenn Sie damit nicht gleich zum CEO gehen wollen.

Apropos reden: Behalten Sie im Hinterkopf, ob Sie sich für diese neue Zeit wieder einen Berater, Sparringspartner oder Coach zur Seite nehmen möchten, mit dem Sie Ihre neuen Erfahrungen teilen können und der vielleicht für die ein oder andere Situation noch gute Tipps für Sie hat.

Dies war nur ein kleiner Ausschnitt an möglichen Situationen, in die Sie hineinrutschen können. Mehr dazu finden Sie im Kapitel 8 mit den Erfahrungsberichten mit Unternehmern, die schon verkauft haben.

Was kann ich noch tun?

Das fragen Sie noch? Wenn Sie wollen, können Sie morgen alles hinschmeißen und einfach verschwinden! Ok, den Arbeitsvertrag müssten Sie schon noch kündigen und gewisse Fristen einhalten. Auch auf Ihren möglichen Earn Out könnte das einen negativen Einfluss haben. Aber Sie sind nicht mehr an Ihr eigenes Unternehmen gebunden! Sie haben keine Verpflichtungen mehr gegenüber Ihren Mitarbeitenden und Kunden. Auch müssen Sie keine schlaflosen Nächte mehr verbringen, aus Sorge um Ihr Geschäft. Wie fühlt sich das jetzt an?

Oder aber Sie gehen voll in Ihrer neuen Rolle auf, genießen den neuen Job und das neue Leben.

33 Stolperfallen und Fehler, die Sie vermeiden können

In diesem Kapitel möchte ich Ihnen einige Stolperfallen aufzeigen, in die Sie nach dem Lesen dann hoffentlich nicht mehr hineintreten, wenn Sie erst einmal an diesem Punkt des Unternehmensverkaufs stehen. Diese Punkte basieren auf Erfahrungen von Unternehmern, die schon verkauft haben, sowie auf Beobachtungen von M&A-Experten, was sie immer wieder in solchen Prozessen erleben.

1. Ich verhandele schon seit Jahren Verträge, also auch den Kaufvertrag

»Ich verhandle seit 20 Jahren alle Verträge selbst. Da kann ich auch meinen Unternehmensverkauf selbst verhandeln. Und sonst nehme ich am Ende halt noch meinen Anwalt dazu.« Diese Sätze habe ich schon häufiger von verkaufswilligen Verkäufern gehört. Mein Rat: Machen Sie es nicht allein. Auch wenn es zusätzliches Geld kostet. Es wird sich lohnen. Denn Sie allein kennen einfach nicht die spezifischen Klauseln und Gepflogenheiten eines M&A-Deals. Außerdem können Sie sich schon früh im Prozess in die Nesseln setzen, wenn Sie z. B. bereits bei der Absichtserklärung in die falsche Richtung laufen.

2. Den Anwalt kann ich auch später noch dazu nehmen

Das Hinzuziehen eines M&A-Anwalts zu einem späten Zeitpunkt in den Verhandlungen kann den Prozess entweder sehr beschleunigen oder sehr verlangsamen. Denn vielleicht springt der potenzielle Käufer jetzt ab, weil er in den Verhandlungen nicht wieder nahezu von vorn anfangen will. Oder der Prozess zieht sich weiter in die Länge. Es wird nämlich das Ziel Ihres Anwalts sein, alles, was zu Ihren Ungunsten im Vertrag steht, noch einmal zu verhandeln. Natürlich können Sie das machen oder auch zu jedem Zeitpunkt aus den Verhandlungen wieder aussteigen, wenn Ihnen etwas nicht passt, aber verkaufen möchten Sie halt auch.

3. Starten Sie von Anfang an mit Profis!

Bereits ab dem ersten Tag das richtige Know-how an Bord zu haben, zahlt sich in jedem Fall aus. Dazu zählt neben dem schon genannten M&A-Anwalt mindestens auch ein M&A-Berater. Außerdem kann sich ein spezialisierter Provider für das Information Memorandum und das spätere Financial Fact Book lohnen.

Sind bei einer M&A-Transaktion auf beiden Seiten Experten, läuft der gesamte Prozess sehr rational und in geordneten Bahnen ab. Jede Partei weiß von der anderen, welche Informationen verfügbar sein sollten und welche auch bis kurz vor dem Abschluss des Deals vertraulich bleiben. Befindet sich aber auf einer Seite (häufig Verkäuferseite) ein »M&A-Laie« (sprich ein Unternehmer, der zum ersten und wohl einzigen Mal sein Unternehmen verkauft), läuft der Prozess mitunter nicht so glatt. Das liegt oft an Emotionalitäten und an der Prozessunwissenheit des Verkäufers. Zudem kann der Informationsvorsprung der Käufer in Bezug auf den Verkaufsprozess diese dazu verleiten, an einigen Stellen des Prozesses gewisse »Spielchen« zu spielen, wenn sich die Gelegenheit dazu bietet.

4. Ich habe geprüfte Abschlüsse – wieso möchte der Käufer mehr sehen?

Wie Sie sich vorstellen können, reichen einem potenziellen Käufer nicht nur ein paar warme Worte von Ihnen, um sich für den Kauf Ihres Unternehmens zu entscheiden. Also zeigen Sie auch bereitwillig Ihre geprüften Abschlüsse und legen Bilanzen und Erfolgsrechnungen der vergangenen Jahre vor. Denn da steht ja eigentlich alles drin. Mitnichten! Stellen Sie sich darauf ein, dass das einem Käufer nie und nimmer reichen wird. Denn diese Abschlüsse sind nicht dazu geeignet, die »wahre« jährliche Performance Ihres Unternehmens aufzuzeigen (Stichwort Normalisierung, siehe auch Kapitel *Erste Knochenarbeit – die eigene Bestandsaufnahme*).

5. Ich habe kein Finanzreporting und mache keine Businesspläne!

»Ich habe es im Bauch, wie es um das Geschäft steht und wie es am Markt läuft. Ich brauche keine Reports oder Pläne.« Tja, das ist schlecht im Verkaufsprozess. Denn ein Käufer interessiert sich wenig für die sog. *Legal View* auf Ihre Zahlen. Dies ist eben der geprüfte Abschluss, von dem wir gerade gesprochen haben und der vor allem aus Steuergesichtspunkten erstellt wird. Der Käufer möchte die *Management View* sehen, also die wirkliche Performance Ihres Unternehmens, so wie sie in der Regel in Monats- oder Quartalsabschlüssen gezeigt wird. Wenn Sie solche Reports jetzt noch nicht haben, werden Sie diese in irgendeiner Form erstellen müssen. Das Gleiche gilt für Forecasts, Budgets oder strategische Mittelfristpläne. Der Käufer möchte von Ihnen sehen, in welche Richtung sich das Unternehmen nach Ihren Einschätzungen und Ambitionen entwickeln soll.

6. Kommen Sie in den Verkaufsmodus!

Es reicht auch nicht aus, sich einfach hinzustellen und zu sagen, dass Sie ein profitables Unternehmen mit besten Produkten, langjährigen Kunden und handverlesenen Mitarbeitern haben. Sie wollen verkaufen, da ist auch auf der Zahlenseite ein handfestes Marketing vonnöten. Es braucht ein sog. Information Memorandum und einen Businessplan!

Wir reden hier weder von den üblichen konservativen Abschlüssen, um Steuern zu sparen, noch von den konservativen Budgets, die man in der Vergangenheit ohnehin immer übertroffen hat. Stattdessen sprechen wir hier von bereinigten Abschlüssen, welche die »echte« Performance aufzeigen, und von einem ambitionierten Businessplan, der sich hohe Ziele setzt, aber trotzdem machbar erscheint und hinter dem das Management stehen kann. Seien Sie nicht die graue Maus, wie es jeder Ihrer Mitbewerber auch sein könnte. Seien Sie der strahlende Stern.

7. Heute schon geblufft?

Hey, Sie sind in Verkaufsverhandlungen! Machen Sie sich dem potenziellen Käufer so attraktiv und schmackhaft, dass er unbedingt zuschlagen muss. Das müssen nicht immer nur Argumente wie Ihre hohe Profitabilität oder Ihre attraktiven Marktaussichten sein. Sie dürfen auch den einen Interessenten gegen den anderen ausspielen. Damit meine ich nicht, schlecht über einen Interessenten zu sprechen! Aber wenn Sie beispielsweise mit zwei konkurrierenden Mitbewerbern verhandeln, die in Ihrem Markt unterwegs sind, wird sicher jeweils der andere sehr hellhörig, wenn er mitbekommt, dass der andere mit im Rennen ist.

8. Ich habe keine Leichen im Keller!

Gerade haben wir vom Verkaufsmodus gesprochen. Sicher, klappern gehört zum Handwerk und im Verkauf stellen Sie sich optimal dar. Aber verschließen Sie nicht die Augen vor der eigenen Realität im Unternehmen. Wenn Ihre Umsätze rückläufig sind, wenn die Mitarbeiterfluktuation stetig steigt, wenn Sie immer mehr Ärger mit Kunden haben, dann werden Sie sich mitunter schwertun, das über die Zeit des Verkaufsprozesses zu verstecken bzw. immer wieder schönzureden. Seien Sie sich bewusst, dass ein potenzieller Käufer in einer Due Diligence auf solche Punkte stößt, und haben Sie glaubwürdige Antworten zur Hand. Glaubwürdig kann ich dabei nicht dick genug unterstreichen! Und vielleicht ist es jetzt doch noch nicht der geeignete Zeitpunkt, Ihr Unternehmen zu verkaufen.

9. Ihre Preisvorstellung zu früh offenlegen

Sie werden zu Recht fragen, wer denn ernsthaft so einen Fehler machen würde. Doch Achtung: Geschickte Verhandler unterbreiten gerne mal ein sehr tiefes Erstangebot. Damit provozieren sie den Verkäufer zu einer unüberlegten Bekanntgabe der untersten Verkaufspreisvorstellung. Außerdem ist die erstgenannte Zahl psychologisch betrachtet immer ein Ankerwert. Dieser Wert bleibt vermehrt in den Köpfen als Referenzwert bestehen und setzt eine oftmals ungünstige Untergrenze, welche den potenziell erzielbaren Verkaufspreis negativ beeinflussen kann. Als Verkäufer sollten Sie Ihre Preisuntergrenze nie leichtfertig bekannt geben. Und Sie sollten der Wirkung des beschriebenen Ankereffekts entschlossen entgegentreten.

10. Der Kaufpreis ist nicht in Stein gemeißelt

Relativ früh im Verkaufsprozess sind indikative Kaufpreise im Raum, die auch Einzug finden in erste schriftliche, aber unverbindliche Willensbekundungen (Non-Binding Offer oder Letter of Intent). So mancher Käufer greift hier höher, als er eigentlich bereit ist, zu bezahlen. Denn auf diesen Preis springen Sie als Verkäufer gerne an. Der Käufer setzt darauf, dass er in der folgenden Due Diligence genügend negative Punkte findet, die es aus seiner Sicht rechtfertigen, den Kaufpreis massiv herunterzurechnen. Die genannten Beträge in den Berechnungen zur Herabsetzung des Kaufpreises sind dabei keine wissenschaftlich hergeleiteten und einzig »richtigen« Zahlen, sondern liegen größtenteils im Ermessen des Betrachters. Ist der neu berechnete Kaufpreisvorschlag erst einmal in der Diskussion etabliert, kommt der Verkäufer nochmals »großzügig« im Angebot entgegen. Der ursprünglich vereinbarte (indikative) Kaufpreis hat keinen Bestand mehr.

Bemerkung: Natürlich könnten Sie als Verkäufer hier hart spielen und sagen, der Deal kommt nur zustande, wenn der ursprünglich besprochene Betrag ausbezahlt wird. Wenn Sie aber erst mal so weit im Verkaufsprozess sind, ziehen Sie dann tatsächlich noch einmal die Reißleine?

11. Versteckte Preismechanismen im Non-Binding Offer

Für den unerfahrenen Verkäufer liegt ein wesentlicher Fokus auf dem Preis, den er beim Verkauf seines Unternehmens erzielen kann. Der schlussendlich ausbezahlte Betrag kann jedoch je nach Ausgestaltung des Non-Binding Offers (das häufig eine wesentliche Grundlage für den Kaufvertrag ist!) ganz anders ausfallen. Einflussfaktoren können sein: Normalisierungen, bestimmte Abzüge, die sich aus der Due Diligence und gewisse Net-Cash-, Net-Debt- und Working-Capital-Klauseln ergeben. Am Ende kann es eine große Überraschung bezüglich der tatsächlichen Auszahlung geben.

> Die Nettoverschuldung (*Net Debt*) ist eine Liquiditätskennzahl, die angibt, inwieweit ein Unternehmen in der Lage ist, alle seine Schulden zu begleichen, wenn diese sofort fällig wären.

Sie zeigt, wie viel Bargeld übrig bliebe, wenn alle Schulden zurückgezahlt würden, und ob ein Unternehmen über genügend liquide Mittel verfügt, um seine Verbindlichkeiten zu begleichen.

Die Nettoverschuldung wird berechnet, indem die gesamten Zahlungsmittel und Zahlungsmitteläquivalente eines Unternehmens von den gesamten kurz- und langfristigen Schulden abgezogen werden.

Übersteigen die Zahlungsmittel und Zahlungsmitteläquivalente die Schulden, spricht man von *Net Cash*. Der berechnete Net-Cash- bzw. Net-Debt-Betrag wird häufig vom Betrag aus dem Non-Binding bzw. Binding Offer vor der Auszahlung aufgeschlagen bzw. abgezogen.

12. Freundschaftspreis als Falle

Es ist möglich, dass ein großer Kunde von Ihnen für Ihr Unternehmen mitbietet. Sie sind bereits in ersten Gesprächen. Dann fragt Ihr Kunde nach einem »Spezialpreis« für die nächsten Lieferungen. Sie willigen ein, denn es sollte sich ja durchaus positiv auf die weiteren Verhandlungen auswirken. Das Gegenteil ist der Fall! Dem Käufer wird auffallen, dass Ihre Margen (durch die Freundschaftspreise) rückläufig sind und wird dies als Argument zur Kaufpreisminderung heranziehen.

Zugegeben, es klingt nach einem möglichen Einzelfall. Es soll einfach exemplarisch aufzeigen, wie raffiniert ein Käufer vorgehen kann, um Sie zuerst zu blenden.

13. Wundern Sie sich nicht, wenn Sie mal am Punkt des Abbruchs stehen

In allen Gesprächen, die ich mit Unternehmern geführt habe, sagten mir die Verkäufer immer wieder, dass sie alle mal an einen Punkt gekommen sind, wo sie den Deal am liebsten hingeschmissen hätten.

Es mag berechtigte Gründe dafür geben, den Prozess auch tatsächlich zu stoppen, endgültig den Verhandlungstisch zu verlassen und auf eine neue Gelegenheit zu warten. Aber haben Sie die Gewissheit, dass es beim nächsten Mal besser wird? Außerdem fangen Sie mit einem neuen Interessenten wieder bei null an.

Hinterfragen Sie sich vor dem Ziehen der Reißleine: Was ist es wirklich, warum ich es hier beenden will? Bin ich vielleicht noch nicht so weit? Zu viele vermeintlich dumme Fragen, die ich beantworten muss? Zu viel hin und her auf der Käuferseite? Oder ist es mein eigenes angekratztes Ego, das mich hindern will, weiterzumachen? Viele Unternehmer sind in der Zeit mal frustriert und emotional angeschlagen, weil so viel auf einen einprasselt. Eben auch Dinge, mit denen sie im Vorfeld nicht gerechnet haben (weshalb Sie genau dieses Buch jetzt in den Händen halten).

Die meisten haben diese Phase, die häufig zu irgendeinem Zeitpunkt in einem M&A-Prozess auftritt, überwunden. Sie haben den eigenen Schweinehund und das Gefühlstief überwunden, vielleicht auch ihren Standpunkt gegenüber dem potenziellen Käufer nochmals deutlich gemacht und waren am Ende froh, nicht frühzeitig die Flinte ins Korn geworfen zu haben.

14. Erklären Sie das mal einem ausländischen Käufer

Ausländische Kaufinteressenten suchen oft nach einer Gelegenheit, ihre Präsenz in einem bestimmten Land aufzubauen oder zu erhöhen. Sie haben in vielen Fällen ernsthafte Absichten, wirklich kaufen zu wollen. Aber es gibt länderspezifische Besonderheiten, die nur schwer verständlich für einen Ausländer sind. So erklären Sie als Schweizer Firma z. B. einem Inder oder Amerikaner, was in Bezug auf die berufliche Altersvorsorge das Beitrags- und Leistungsprimat bedeutet, worin der Unterschied liegt und welche Auswirkungen das je nach Rechnungslegungsstandard auf die Bilanz und Erfolgsrechnung hat. Planen Sie also genügend Zeit und Geduld zur Erklärung dieser nationalen »Phänomene« ein.

15. Ausländer und das geltende Recht

Ausländische Käufer versuchen immer wieder, ihr nationales Recht und ihren Gerichtsstand im Vertrag durchzusetzen. Sie sollten darauf bestehen, dass Ihr nationales Recht und der Gerichtsstand an Ihrem Ort gilt.

16. Der Käufer diktiert das Timing

Es kommt darauf an, ob Sie mit einem einzigen Kaufinteressenten oder mit mehreren Kandidaten bis kurz vor einem Abschluss sprechen. Sollten Sie einem Interessenten eine (zeitlich befristete) Exklusivität gewährt haben, dann können Sie zwar im Vorfeld schon einen Zeitplan und Meilensteine für den Prozessablauf vorgeben bzw. gemeinsam vereinbart haben. Doch seien Sie nicht zu sehr überrascht, wenn es auf der Käuferseite mal zu Verspätungen oder Verschiebungen kommt. Denn er hat schließlich noch das Geld, welches Sie gerne bekommen möchten für Ihr Unternehmen. Dadurch sitzt der Kaufinteressent erst einmal am längeren Hebel. Anders sieht es aus, wenn Sie noch mehrere Kandidaten haben. Hier ist es für die Prozesssicherheit wichtig, dass Sie gemeinsam mit Ihrem M&A-Berater einen ambitionierten, aber realistischen Zeitplan aufstellen, an dem sich alle auszurichten haben. Das gilt für die Kandidaten, aber auch für Sie.

17. Ersten Vertragsentwurf vom Käufer erstellen lassen, »passt schon«!

Grundsätzlich gilt, wer den Verkaufsprozess im Griff haben will, sollte proaktiv agieren. Lassen Sie sich von einem spezialisierten M&A-Anwalt den ersten Entwurf des Kaufvertrages erstellen und überlassen Sie das nicht dem Käufer. Denn wer den Vertragsentwurf erstellt, ist in der Lage, die Struktur zu wählen und kann etwaige Sonderwünsche bereits am Anfang fixieren.

Dies ist deshalb entscheidend, weil sich das deutsche Handelsgesetz sowie das schweizerische Obligationenrecht u. a. dadurch kennzeichnen, dass es den Vertragsparteien zuweilen große Freiheiten und Spielräume einräumt. So gelten viele Rechtsvorschriften im Rahmen eines Kaufvertrags nur dann, wenn die Parteien nichts anderes vereinbart haben (dispositives oder ergänzendes Recht). Sollte der Käufer mit gewissen frei gewählten Bestimmungen nicht einverstanden sein, so muss er jene Stellen Punkt für Punkt neu ausverhandeln, was einem mühsamen »uphill battle« gleicht.

Besondere Aufmerksamkeit ist in jenen Fällen angebracht, bei welchen das Machtverhältnis sehr ungleich verteilt ist. So zum Beispiel, wenn ein Großunternehmen ein kleineres KMU erwerben möchte. In dieser Konstellation möchte meist das Großunternehmen den Prozess diktieren und den ersten Vertragsentwurf aufsetzen. Scheuen Sie hier nicht die Kosten für einen Anwalt. Nehmen Sie sich einen kompetenten Partner an die Seite und formulieren Sie den Vertrag nach Ihren Vorstellungen.

18. Keine Frist für die Due Diligence setzen

Wenn kein sauberer Zeitplan für den Deal aufgestellt wurde oder niemand darauf achtet, dass der Zeitplan eingehalten wird, passiert es immer wieder, dass sich die Fragen der Interessenten endlos hinziehen. Schieben Sie als Verkäufer dem Ganzen einen Riegel vor und beharren Sie auf einer Deadline für die *Due Diligence*. Das bedeutet zwar nicht, dass nicht auch später noch Fragen kommen können (z. B. in den *Expert-Sessions*), aber die Frageflut nimmt merklich ab.

19. Keine höhere Instanz in der Hinterhand haben

Es ist ein übliches Spielchen von Großunternehmen, dass sie in den Verhandlungen auf einmal eine höhere Instanz erwähnen. Die Verhandlungsführer bringen in entscheidenden Verhandlungsphasen ihre beschnittene Handlungsfähigkeit an, indem sie urplötzlich Drittpersonen oder -instanzen vorschieben. Käufer: »Ich wäre mit dem Kaufpreis für Ihr Unternehmen ja einverstanden, aber der Verwaltungsrat muss das schlussendlich absegnen und da bin ich mir nicht sicher, ob er diese Konditionen akzeptieren kann. Wenn Sie mir in den Punkten X und Y entgegenkommen können, sehe ich aber eine realistische Chance, damit durchzukommen.« Als Verkäufer sollten Sie diese vielfach angewandte Taktik erkennen und a) nur mit den handlungsbefähigten Entscheidungsträgern verhandeln oder b) gegebenenfalls zum Ausgleich der Verhandlungsmacht ebenfalls Drittinstanzen schaffen und diese entsprechend ins Spiel bringen. Und wenn Sie schon die oberste Macht in Ihrem Unternehmen sind, dann werden Sie kreativ.

20. Am Ende wollten wir nur noch abschließen

Von möglichen emotionalen Tiefs haben wir schon gesprochen. Zum Ende hin kann es dann nochmals zäh werden. Sie beschäftigen sich nun schon so lange mit dem Verkauf Ihres Unternehmens und Sie haben bereits vieles in diesem Prozess geleistet. Aber fortwährende Fragen auf Käuferseite, langwierige Verhandlungen mit diametral unterschiedlichen Ansichten zu Formulierungen im Vertrag, Verzögerungen im Prozess und vielen anderen möglichen Punkten zehren an Ihnen. Häufig hört man von den Verkäufern in Nachhinein, dass sie an einem »Point of no Return« waren. Auf der einen Seite fühlten sie sich zwar extrem ausgelaugt, vielleicht auch desillusioniert oder frustriert, sodass sie wirklich bereit gewesen wären, alles hinzuschmeißen. Auf der anderen Seite war man sich darüber im Klaren, jetzt nicht mehr ernsthaft abbrechen zu wollen, so schmerzhaft die letzten Schritte sein mochten. Das Ganze lässt sich mit einem Marathonlauf vergleichen. Bei Kilometer 35 möchten Sie einfach nicht mehr aufgeben. Dafür sind Sie schon viel zu weit gelaufen, als dass Aufgeben noch eine Option sein könnte.

21. Mit dem Verkauf bin ich alle Risiken und Verpflichtungen los

Schön wär's. Sie verkaufen Ihr Geschäft und von heute auf morgen sind Sie alle Risiken und Verpflichtungen los. Sie können davon ausgehen, dass sich der Käufer das Recht ausbedingen wird, dass Sie für die Dinge aus der Vergangenheit auch noch geradestehen. Sollten also doch noch Leichen im Keller hervorkommen, die man in der Due Diligence nicht sehen oder nur erahnen konnte, so wird man Sie dafür in die Pflicht nehmen. Das könnten z. B. Steuernachforderungen sein, arbeits- oder vertragsrechtliche Gerichtsprozesse oder ähnliche Faktoren, die einen finanziellen Einfluss haben. Es ist also nicht auszuschließen, dass man im Rahmen der vertraglich vereinbarten Fristen und Maximalbeträge noch auf Sie zurückgreift. Vielleicht verprassen Sie also besser nicht das ganze eingenommene Geld in den ersten Monaten nach dem Verkauf.

22. Nach der Unterschrift haben Sie nichts mehr selbst in der Hand

Es klingt so banal und einleuchtend. Aber die Realität kann Sie schwer treffen. Denn nach der Unterschrift sind Sie nicht mehr der Chef. Sie sitzen vielleicht immer noch in Ihrem alten Büro. Alle Ihre Mitarbeiter sind auch noch da. Sie haben sicherlich auch noch Ihre alte natürliche Autorität. Aber Sie haben nicht mehr das letzte Wort. Jetzt haben Sie auf einmal auch einen Chef, der die Richtung vorgibt. Klar können Sie nun sagen: »Aber ich bin die Verantwortung los und das fühlt sich dann sicher so gut an.« Aber Entscheidungen mittragen und umsetzen zu müssen, die nicht Ihren Vorstellungen entsprechen, wie werden Sie damit umgehen können?

23. Wenn der Earn Out zur Qual wird

Es liegt in der Natur der Sache, dass Käufer und Verkäufer beim Thema *Earn Out* diametrale Interessen verfolgen. Der Verkäufer hätte gern mit Abschluss des Deals den gesamten Kaufpreis ausbezahlt bzw. fest zugesichert (auch wenn Sie die Auszahlungen zeitlich aufsplitten können). Der Käufer hingegen wünscht sich eine Earn-Out-Komponente, damit er nicht das volle Risiko trägt, in ein Geschäft zu investieren, das nach dem Kauf nicht mehr die Renditen abwirft, wie es ihm im Verkaufsprozess zugesichert wurde.

24. Der Earn Out auf Basis von Umsatz und bleibender Schlüsselmitarbeiter funktioniert nicht

Ein gekauftes Unternehmen, vor allem, wenn es aus dem Dienstleistungssektor kommt, hat im Grunde zwei Wertkomponenten, für die man bezahlt hat: die Kunden und die Mitarbeiter. Und beide haben Beine. Das bedeutet, sie können das Unternehmen sehr schnell verlassen.

Zum Schaden für den Käufer. Deshalb will er sich mit einem Earn Out auf den Kundenumsatz und auf den Verbleib von Schlüsselmitarbeitern absichern. Sinkt der Umsatz unter ein zuvor definiertes Niveau oder verlassen wichtige Mitarbeiter das Unternehmen, so hat das negative Folgen auf den Earn Out – was zu namhaften Einbußen beim Verkäufer führen kann. Je nach Vertragsausgestaltung kann das fünf bis 25 Prozent der Kaufpreissumme ausmachen.

Solange das verkaufte Unternehmen unangetastet bleibt, also nicht durch eine Integration oder eine Umstrukturierung verändert wird und der alte Eigentümer für diese Einheit weiterhin verantwortlich ist, ist dieser Earn-Out-Ansatz durchaus legitim. In der Realität ist das aber oft nicht der Fall. Und dann liegt die Erreichbarkeit des Earn Outs nicht mehr ausschließlich in den Händen des Verkäufers, sondern er ist auf gut Glück vom Einsatz anderer abhängig. Das kann bei Ihnen zu großem Frust führen, wenn sich Teile Ihres hart verhandelten Kaufpreises in Luft auflösen und Sie nur tatenlos zuschauen können, weil sich andere nicht so stark dafür einsetzen, dass die Tatbestände für diese Earn-Out-Abzüge nicht passieren. Wenn sich also eben niemand so richtig darum kümmert, dass die Schlüsselpersonen auch wirklich an Bord bleiben oder wenn Kunden nicht mehr die gleiche persönliche Betreuung bekommen, wie es vorher der Fall war und sie deshalb abspringen.

25. Nach dem Verkauf im Unternehmen zu bleiben, bereuen Sie früher oder später

Nicht selten berichten ehemalige Verkäufer, dass die Zeit direkt nach dem Verkauf die stressigste und intensivste Zeit war, die sie je in ihrem Berufsleben durchgemacht haben. Verwunderlich ist das oft nicht. Denn neben dem Tagesgeschäft, das Sie ja größtenteils genauso oder ähnlich weiterführen wie vorher, kommen nun zusätzliche Aufgaben auf Sie zu. So sind Sie stark eingebunden, den Integrationsprozess mit voranzutreiben. Keiner kennt Ihr Unternehmen besser als Sie, also sind Sie dementsprechend stark gefragt. Womöglich nehmen Sie auch eine neue bzw. zusätzliche Rolle im Käuferunternehmen ein. Viele zusätzliche Meetings, viele neue Gesprächspartner und gegebenenfalls verstärkte Reiseaktivitäten führen dazu, dass Ihr Leben nach dem Verkauf doch nicht ruhiger wird, sondern dass sogar das Gegenteil eintreten könnte.

26. Post Merger Integration – Frustpotenziale

Stellen Sie sich darauf ein, dass man Ihnen nach erfolgter Transaktion kaum mehr zuhört. Sie mögen ja viele gute Vorschläge bringen, die auch dem Käuferunternehmen einen Vorteil bzw. Synergien bringen würden, aber die anderen sind einfach nicht mit diesem Herzblut dabei wie Sie. Für Sie war es immer ein persönliches Anliegen, dass Kunden und Mitarbeiter zufrieden sind. Sie waren es auch, der das große Ganze im Unternehmen überblickt hat. Oft gibt es solche Leute auf der Käuferseite nicht mehr. Aufgaben sind auf Abteilungen und verschiedene Mitarbeiter verteilt. Jeder arbeitet in seinem Silo, jeder ist nun rational denkend unterwegs. Es kann sehr wehtun zu sehen, dass sich innerhalb kurzer Zeit verändert, was man selbst über Jahre aufgebaut hat.

Noch schlimmer fühlt es sich an, wenn Sie mit der Zeit merken, dass man trotz aller Beteuerungen im Kaufprozess überhaupt kein Interesse an Ihnen und Ihrem alten Unternehmen hat. Klingt unglaublich? Dieses Gefühl ist schon mehreren Unternehmern in der Zeit nach dem Verkauf gekommen, vor allem wenn sie an einen großen Konzern verkauft haben. Es wirkte so, als sei der einzige Grund für den Deal gewesen, dass sich jemand auf seine Fahne bzw. in seinen Lebenslauf schreiben wollte, erfolgreich eine Akquisition getätigt zu haben. Ein echtes Interesse an einer gelingenden Integration war nach der Unterschrift von dem Treiber des Deals überhaupt nicht mehr zu spüren. Eine Involvierung war quasi inexistent.

27. Warum fragen die mich das jetzt schon wieder?

In der DD wurden dem Käufer bereits extrem viele Dokumente zur Verfügung gestellt. Aber wie kann es dann sein, dass mit der Vertragsunterzeichnung anscheinend auf einmal alle Informationen aus den Hirnen und den Festplatten des Käufers gelöscht sind? Es ist unfassbar, wie viele Fragen nach dem Kauf von verschiedensten Stellen wieder gestellt werden. »Leute, das habe ich euch allen schon x-mal geschickt und erklärt! Sprecht doch mal mit euren Kollegen, die wissen alles und haben schon alles von mir bekommen!«, ist der Verkäufer geneigt, dem Fragenden entgegenzuschreien. Viel Hoffnung besteht aus Erfahrung nicht, dass man dieses Problem löst. Aber Sie als Verkäufer können ja mal proaktiv darauf hinweisen, dass Sie nach Abschluss des Deals nicht mehr all die Fragen nochmals beantworten und all die Dokumente nicht ein zweites Mal senden wollen. Denn sie liegen ja schon vor, man muss nur die Informationen aus dem Datenraum erneut anschauen. Vielleicht bringt es in Ihrem Fall ja doch etwas.

28. Nach dem Deal: Der Arbeitsvertrag hat eine längere Laufzeit als Earn-Out-Periode

Wenn sich der Käufer noch für eine gewisse Zeit Ihre Dienste sichern möchte, achten Sie darauf, dass Sie keinen Knebelvertrag in Bezug auf die Laufzeit des Arbeitsvertrages abschließen.

Es ist durchaus üblich, mit den ehemaligen Eigentümern einen befristeten Arbeitsvertrag abzuschließen, der auf der einen Seite eine fixe Laufzeit hat, aber gleichzeitig von beiden Seiten auch nicht früher gekündigt werden kann. Dies ist vom Grundsatz her in Ordnung. Wenn jedoch auch noch ein Earn Out vereinbart wurde und die Laufzeit des Arbeitsvertrages ist länger als die Earn-Out-Periode, kann es spätestens nach Ablauf der Earn-Out-Periode zu stärkeren Motivationsproblemen kommen. Unternehmer, die hier reingetappt sind, raten dringend dazu, die Laufzeiten von Arbeitsvertrag und Earn Out anzugleichen. Es spricht ja nichts dagegen, dass der Arbeitsvertrag nochmals verlängert wird, wenn es für beide Seiten immer noch passt.

29. Das Arbeiten im Konzern wird mir Spaß machen

Ohne Frage, es hat auch einen Reiz für Sie, in einer neuen Rolle ein Teil des neuen Unternehmens zu sein. Vielleicht haben Sie nun eine Führungsrolle und sind Abteilungsleiter oder sogar ein Mitglied in der Geschäftsleitung. Sie tragen eine neue Verantwortung, Sie bekommen frische Teams und Mitarbeiter in Ihren Bereich zugewiesen und Sie können andere Themen umsetzen. Ob dies spannend für Sie sein wird oder nicht, lässt sich so pauschal nicht sagen. Vielleicht blühen Sie vollkommen auf und lieben Ihre neuen Aufgaben. Ich wünsche Ihnen sehr, dass es so kommt.

Was Ihnen aber mit der Zeit auffallen wird, ist die Tatsache, dass Entscheidungsprozesse viel länger sein können, als Sie es in Ihrem Unternehmen gewohnt waren. Sie konnten auch einfach mal aus dem Bauch heraus und allein Entscheidungen fällen. Im neuen Konstrukt kann es passieren, dass es mehrere Abklärungsrunden benötigt, es immer wieder in der Hierarchie nach oben muss, damit es dann vielleicht irgendwann entschieden und umgesetzt wird. Den gleichen Frust können Sie übrigens auch bekommen, wenn Sie nicht mehr in leitender Funktion sind, sondern z. B. Teil eines Sales-Teams werden. Dann erleben Sie die mitunter schwerfälligen Prozesse eben auf einer anderen Ebene.

30. Ich verdiene genauso viel wie vorher

Hier kann man sicher auch keine pauschalen Aussagen treffen. Das hängt immer davon ab, was Ihr Unternehmen in der Vergangenheit abgeworfen hat und was Sie sich als Lohn und Gewinn ausbezahlt haben. Lag das im Bereich von marktüblichen Löhnen oder konnten Sie sich mehr gönnen? Ist Letzteres der Fall, dürfen Sie nicht allzu enttäuscht sein, wenn sich die neu vertraglich zugesicherte Kompensation (Lohn, Bonus, Spesen, Geschäftswagen etc.) tiefer liegt, als Sie es früher gewohnt waren. Schließlich haben Sie einen nicht zu verachtenden Betrag für Ihr Unternehmen erhalten und tragen nur noch einen Bruchteil der ehemaligen Verantwortung und des finanziellen Risikos. Behalten Sie das während Ihrer Lohnverhandlungen im Hinterkopf.

31. Alle meine Freiheiten nehme ich mir nach dem Verkauf auch in einer neuen Position

Das wird wohl eher nicht der Fall sein, denn auch für Sie gelten nun die Regeln und Reglemente wie für alle anderen Mitarbeiter. Aber vielleicht wollen Sie ja nur noch in Teilzeit arbeiten und nutzen Ihre freien Tage, um endlich die Dinge erledigen zu können, für die in der Vergangenheit die Zeit fehlte.

32. Mit ein paar Millionen auf dem Konto …

… steht es sich am Morgen einfach etwas schwerer auf. Gut für Sie! Sie können es entspannter angehen als in der Vergangenheit. Sie haben nun tatsächlich die Nachfolge für Ihr Unternehmen gelöst und Sie sind frei. Wenn Sie morgen nicht mehr wollen, müssen Sie nur noch aus Ihrem Arbeitsvertrag kommen und schauen, was mit Ihrem etwaigen Earn Out wird, aber dann sind Sie einfach raus. Das ging vorher nicht so schnell und einfach.

Schlecht für Ihren neuen Boss. Reißen Sie wirklich noch so viel und mit so viel Nachdruck, wie Sie es vor dem Verkauf gemacht haben? Oder nehmen Sie es nun lockerer? Und was macht das mit Ihrem Boss, wenn Sie vielleicht nur noch 90 Prozent geben?

33. Ich habe den Schritt nie bereut

Trotz aller Spannungen vor und nach dem Verkauf des eigenen Unternehmens habe ich keinen einzigen Unternehmer getroffen, der über kurz oder lang den Schritt des Verkaufs bereut hat.

Viele genießen es, die Verantwortung für ihr Unternehmen abgegeben zu haben. Denn es hängt tagtäglich viel an Ihrer Person, an Ihren Entscheidungen und an Faktoren, die Sie als Unternehmer gar nicht beeinflussen können. Der Erfolg des Unternehmens wirkt sich nicht nur auf Ihre eigene Existenz aus, sondern auch auf die von vielen Angestellten. Diese Bürde und Verantwortung loszuwerden, die Möglichkeit haben zu bestimmen, was man weiterhin beruflich machen möchte, mehr Zeit für Familie, Hobbys und Reisen zu haben, kann sich positiv auf Ihre Lebensqualität auswirken.

Praxisbeispiele von Unternehmer zu Unternehmer

Anmerkung:
Aus Vertraulichkeitsgründen sind zum Teil die Namen der Interviewpartner sowie Unternehmensnamen verfremdet dargestellt oder wurden weggelassen.

Erfahrungsbericht von Norbert – SAP-Beratung

Zum Zeitpunkt des Verkaufs: Alter 45
Mitarbeiter: ca. 60
Umsatz: > 10 Millionen CHF

»Ich wollte etwas Richtiges machen.«

Als mich vor einigen Jahren zwei Kollegen fragten, ob ich nicht meinen Job bei *SAP* aufgeben und bei der *Alpha AG* als dritter Partner einsteigen wolle, war ich begeistert von der Idee, etwas Tolles aufzubauen.

Norbert begann seine berufliche Karriere als Account Manager bei *SAP*. 2004 stieß er zur *Alpha AG*, wurde Partner und war für Sales & Marketing verantwortlich. Kurz vor dem Verkauf stieg er auf zum CEO.

Nach dem Verkauf der *Alpha* an den Käufer arbeitete er noch vier Jahre im Konzern, bevor er bei zwei weiteren ICT-Providern arbeitete, wo er jeweils den Bereich *Sales & Marketing* leitete. Heute ist er unabhängiger ICT-Berater und Start-up-Coach.

Alpha war zur damaligen Zeit rein auf das Bodyleasing von *SAP*-Experten und die *SAP*-Beratung spezialisiert. Nun diskutierten wir drei eine neue Strategie, deren Umsetzung einen rechten Umbau des Unternehmens zur Folge haben würde. Es sollte ein weiteres tragfähiges Standbein geschaffen werden.

Die Vision: Eine Cloudlösung für SAP

Unsere Vision war es, Kunden eine *SAP*-Lösung über das Web zur Verfügung zu stellen. Ohne die kostspielige Anschaffung von eigener *SAP*-Infrastruktur, ohne den Aufbau von eigenen *SAP*-Mitarbeitern zur Wartung des eigenen Systems. Es sollte eine Cloudlösung für *SAP* geben. Selbst *SAP* dachte damals noch nicht daran, ihr System auf diese Art und Weise ihren Kunden zur Verfügung zu stellen. Zudem fehlte ihnen ein technischer Lösungsansatz, wie das überhaupt funktionieren könnte. Auch war das Wort »Cloud« damals kaum verbreitet.

Nach intensiven Entwicklungen waren wir tatsächlich als Erste in der Lage, Kunden eine *SAP*-Lösung aus der Cloud anzubieten. Wir hatten das scheinbar Unmögliche möglich gemacht. Und auch gleich Kunden gewonnen!

Um nun aber voll durchstarten zu können, fehlte uns das Geld. Unser erstellter Businessplan zeigte uns auf, dass wir mehrere Millionen Franken hätten investieren müssen, um unsere Lösung und unser Unternehmen weiterzuentwickeln. Die

Suche nach einem Investor war jedoch erfolglos, zu klein war unser Finanzierungsbedarf.

Es gab aber Anfragen von größeren IT-Serviceprovidern, die Interesse an unserer Lösung hatten. Und so kam es, dass wir mit einem der großen Player auf dem Schweizer Markt zusammensaßen und darüber diskutierten, wie wir eine geeignete Lösung schaffen könnten. Ich dachte hierbei vor allem auch an unsere Mitarbeiter, denen ich eine Perspektive geben wollte. *Alpha* mit ihren rund 60 Mitarbeitern war allein zu klein und in Teilbereichen auch nicht kompetent genug. Aber mit einem strategischen Partner an der Seite sollte es anders aussehen.

Und so schmiedeten wir zusammen mit diesem Player einen Plan. Er würde neben der *Alpha* zwei weitere Firmen kaufen, diese drei Firmen verschmelzen und als eigenständige Einheit, ohne weitere tiefere Integration in den eigenen Konzern, am Markt auftreten lassen. Das Ziel war, am Ende mehr als 300 Mitarbeiter zu haben, mit unserer Lösung voll durchzustarten und die Nummer 1 auf unserem Gebiet zu werden. Mir selbst wurde ebenfalls eine interessante neue Rolle in diesem Konstrukt zugesagt.

In der Zwischenzeit war ein Partner bei *Alpha* ausgestiegen und so teilte ich mir die Führung der *Alpha* mit meinem verbliebenen Kollegen. Ich war nun der CEO, er der VR-Präsident. Dieses Konstrukt sollte sich später als nützlich erweisen.

Startschuss für den Verkauf

Da wir nun die Mission mit unserem Käufer festgezurrt hatten, begann der eigentliche Verkaufsprozess. Wir hatten uns im Vorfeld schon auf einen Preisrahmen geeinigt, in dem der Kaufpreis liegen sollte. Innerhalb dieses Ranges konnte der finale

Preis aber noch je nach Ausgang der Due Diligence und der Vertragsverhandlungen schwanken.

Ich als CEO war für *Alpha* für die Verhandlungen im Lead. Zu diesem Zeitpunkt konnten wir noch keine Mitarbeiter einweihen. Und so wurde es eine sehr intensive Zeit für mich. Einerseits galt es das Business weiterzuführen und andererseits die Anforderungen aus der nun begonnenen Due Diligence zu erfüllen.

Es war einfach unglaublich, wie viele Dokumente von der Käuferseite angefragt wurden. Es hat mich förmlich erschlagen. Und kaum hatte man wieder einen großen Schwall an Informationen im Datenraum zur Verfügung gestellt, ging es weiter mit Detailfragen. Es nahm schier kein Ende. Wir hatten auch nicht auf alles eine Antwort. Entweder wussten wir es schlichtweg nicht, es gab die Information bei uns nicht oder es gab sie, nur konnte ich aus Vertraulichkeitsgründen nicht den Mitarbeiter bei uns fragen, der die Information sicher gleich aus seinem Ärmel hätte schütteln können.

Der Punkt der Ernüchterung

Ein KMU mit 60 Mitarbeitern ist nun mal anders aufgestellt als ein Konzern. Hier wird pragmatischer gearbeitet. Und viele Themen, die einen Konzern bewegen, gibt es einfach nicht in inhabergeführten Firmen. Hier gibt es stattdessen weniger beschriebene Prozesse, weniger Reglemente, weniger Bürokratie, weniger Dokumentationen. Ich kam an einen Punkt der ersten großen Ernüchterung. All diese Fragen. Möchten wir uns das wirklich alles antun oder einfach den Deal platzen lassen?

Schlussendlich dachte ich aber wieder an unsere Mitarbeiter, mit denen ich viele Jahre eng zusammengearbeitet hatte und denen ich eine vielversprechende Lösung sowie sichere Arbeitsplätze und Weiterbildungsmöglichkeiten bieten wollte, wie ich es mit *Alpha* allein nie hätte bewerkstelligen können. Also machten wir weiter.

Die richtige Aufstellung für die nicht ausbleibenden Spielchen

Parallel zur Due Diligence begannen auch die ersten Vertragsverhandlungen. Wir hatten uns für die Verhandlungen so aufgestellt, dass ich als CEO die Verhandlungen führte und mein Partner als VR-Präsident im Hintergrund blieb. Dies stellte sich als gutes Set-up heraus, denn so hatten wir auch auf unserer Seite eine Eskalationsstufe in diesem Prozess. Es ermöglichte mir, meine Zusagen in der Verhandlung unter einen Vorbehalt zu stellen, da ja mein Verwaltungsratspräsident immer noch Nein sagen konnte. Denn so spielte die Gegenseite auch immer wieder mit uns.

Ich hatte mit meinem Partner auch im Vorfeld darüber diskutiert, ob wir einen externen M&A-Berater heranziehen wollten. Ich war dafür, mein Partner erst dagegen. Später konnte ich ihn jedoch überzeugen. Ein richtiger Schritt, wie sich später in den finalen Verhandlungen zeigen sollte.

Diese Verhandlungsrunden blieben nicht ohne die üblichen »Spielchen«, bei denen man sich in einem bestimmten Punkt einfach nicht finden konnte. Hier haben wir auch mal die Verhandlung abgebrochen, um uns dann eine Stunde später wieder zusammenzusetzen. Außerdem blieben wir in gewissen Punkten standhaft, da sie für uns nicht verhandelbar waren. Und siehe da, auf einmal konnte der große Verhandlungspartner diesen Punkt dann doch akzeptieren.

Der erste Kaufvertragsentwurf kam von der Käuferseite. Auch wenn das zunächst einmal ein »uphill battle« ist, da man davon ausgehen kann, dass dieser erste Entwurf zunächst einmal käuferfreundlich ausgestaltet ist. Am Ende war es für uns der effizienteste Weg, da man als »Kleiner« sicherlich nie einen für den großen Käufer vollständigen ersten Entwurf vorlegen kann.

Ab diesem Zeitpunkt hatten auch wir einen auf M&A-Transaktionen spezialisierten Anwalt auf unserer Seite. Er war in der Lage, viele Klauseln in Zusammenhang mit Gewährleistungen und Zusicherungen zu reduzieren bzw. zu streichen. Vor allem beim Earn Out haben wir lange gekämpft. Wir haben eine Earn-Out-Komponente kategorisch abgelehnt. Das war nicht das, was sich der Käufer gewünscht hat. Doch am Schluss haben wir uns in diesem Punkt durchgesetzt. Der Kaufpreis wurde am Ende zwar gestaffelt ausbezahlt, die Höhe der Zahlung war aber fixiert und hing an keinen weiteren Bedingungen: 60 Prozent sofort, 20 Prozent zwölf Monate nach Unterzeichnung und die restlichen 20 Prozent weitere zwölf Monate später.

Ein weiteres Thema vor der Unterzeichnung des Kaufvertrages war die finale Verhandlung neuer Arbeitsverträge. Uns war es wichtig, neue Arbeitsverträge für die Mitarbeiter, das Management und auch für mich auszuhandeln. Dabei ging es uns nicht nur um den Lohn, sondern auch um gute Bonusmodelle und interessante *Fringe Benefits*, die der Käufer ja sicherlich bot. Am Ende der Verhandlungen konnten wir für alle Mitarbeiter einen Vertrag mit besseren Konditionen aushandeln, als sie es in der alten Firma hatten.

Leinen los für einen guten Start – oder doch nicht?

Für die Vorbereitung der Kommunikation gegenüber unseren Mitarbeitern haben wir uns viel Zeit genommen. Wir hatten uns unsere Worte genau überlegt und uns mit dem Käufer abgesprochen, was wir und was unsere Käufer sagen würden.

Der Zeitpunkt der Kommunikation fiel zufällig auf das 20-jährige Bestehen der *Alpha*. Also luden wir im November die Mitarbeiter zu einem Schweizer Abend auf einem Schiff ein. Bezeichnenderweise feierten wir auf einem Schiff mit dem gleichen Namen wie unser Unternehmen (»Alpha«), welches erst vor Kurzem in Betrieb genommen wurde. Es war ohnehin schon ein sehr emotionaler Abend, da viele der Mitarbeiter bereits lange für uns gearbeitet hatten. Und so schipperten wir los. Auf dem See hielten mein Partner und ich eine Rede zum 20-jährigen Jubiläum und ließen dann auch die Bombe platzen. Natürlich kam es zu einem großen Staunen, denn damit hatte niemand gerechnet. Die Mitarbeiter konnten jedoch unsere Gründe für den Verkauf und die Vision, etwas Größeres zu schaffen, gut nachvollziehen. Ich war mit dieser ersten Reaktion zufrieden.

Doch dann legten wir für einen kurzen Zwischenstopp an. Es war geplant, dass hier zwei Personen des Käufers dazustoßen und wie abgesprochen ihren Teil zu dem Deal erzählen. Zu meiner großen Überraschung marschierten sie aber zu fünft auf das Schiff. Dieses überhebliche Auftreten kam bei uns allen gar nicht gut an. Und dann erzählten die Herren auch noch ganz andere Dinge, als wir ursprünglich vereinbart hatten. Ich war geschockt. Da merkte ich zum ersten Mal (damals erst nur unbewusst), dass man als Teil eines Konzerns nichts mehr selbst im Griff hat. Diese Erkenntnis sollte sich in den weiteren Wochen noch häufiger bestätigen.

Dieser Abend war aus meiner Sicht ein extrem unglücklicher Start. Dabei wollten wir ja weiterhin eine »coole Story schreiben«. In den nächsten Tagen habe ich intern viele Gespräche mit unseren Mitarbeitern geführt. Also mit denen, die im Haus waren. Denn viele unserer Berater waren wieder draußen beim Kunden. Allein gelassen mit den Impressionen des Vorabends. Die anderen, die ich erreichen konnte, glaubten trotz des holprigen Starts an die guten Gründe, die uns zu diesem Deal gebracht hatten.

Und auf einmal wurde alles ganz anders

Der Käufer hatte in der Zwischenzeit auch die anderen beiden Firmen gekauft. Somit hätte man mit dem Plan weiterfahren können:

1. Alle drei Firmen unter dem eigenständigen Brand des größten der drei zusammenzufassen.
2. Die bestehenden Firmenstandorte zu belassen und nur marginale Zusammenführungen über die Zeit umzusetzen.

Es passierte aber eine scheibchenweise Änderung des Plans: Der Käufer verfolgte plötzlich die Strategie, Standorte zu schließen und die Mitarbeiter in Zürich und Bern zu bündeln. Davon waren auch wir betroffen. Außerdem wurde der gemeinsame und eigenständige Brand unserer drei Firmen aufgelöst und alles in einem bestehenden Bereich des Käufers integriert.

Dabei lief das Business innerhalb der drei Firmen hervorragend. Im ersten Jahr der Zusammenarbeit konnte der Umsatz um mehr als 20 Prozent gesteigert werden. Es entwickelte sich genau diese Erfolgsgeschichte, die wir uns vorgestellt und erhofft hatten. Innerhalb des ersten Jahres ging allerdings der CEO unseres Konstruktes. Er war vorher der CEO einer der drei Firmen und stand voll hinter unserem Plan, die Nummer 1 im *SAP*-Umfeld in der Schweiz zu werden. Bei der Frage nach dem Nachfolger wurde auch ich gefragt. Allerdings hatte ich mich nie als CEO gesehen und habe das Angebot abgelehnt.

Also fand man einen anderen Kandidaten in unseren Reihen, der nun die CEO-Rolle ausfüllte. Er stand aber nicht mehr zu 100 Prozent hinter den großen Zielen, die wir uns mal gesetzt hatten. Stattdessen wählte er eine weniger ambitionierte Strategie, um im Konzern zwar die vereinbarten Ziele zu erreichen, aber keine darüber hinaus ambitionierten Ziele anzustreben. Denn sich auf diese Art und Weise in einem Konzern zu exponieren, kann auch schnell mal den eigenen Schreibtisch kosten, wenn man nicht liefert, was man verspricht und vollmundig verkündet hat.

Mein Problem war nun aber, dass ich im Wort stand bei meinen alten Mitarbeitern. Wir hatten denen eine »coole Story« verkauft. Sollte damit nun Schluss sein?

Außerdem war die Post Merger Integration (PMI) eine Katastrophe. Die Mitarbeiter fühlten sich schlecht informiert. Einige der richtig guten Mitarbeiter wanderten aufgrund der schwachen PMI auch ab. Andere wechselten auf die Kundenseite und wiederum andere waren sehr zufrieden, sich innerhalb des Konzerns entwickeln und sich neues Know-how aneignen zu können.

Für mich folgten auch immer neue Überraschungen. Alle paar Monate hatte ich wieder einen neuen Chef. Zudem wurde ich in einen neuen Bereich versetzt. Ich war sehr unzufrieden mit der Situation, konnte aber nicht weg, da ich mich für drei Jahre vertraglich verpflichtet hatte, zu bleiben.

Und was war nun aus der »geilen Lösung« geworden? Anfangs wurden unsere ursprünglichen Ideen immer noch größer und besser gestrickt, sodass es schon fast an Größenwahn grenzte. Doch eines Tages kam für mich aus dem Nichts ein *Stopp* der Konzernleitung für das Projekt.

Ich war enttäuscht. Die »coole Story« musste ich endgültig begraben. Ich fühlte mich, als hätte ich mein Gesicht gegenüber meinen alten Mitarbeitern verloren.

Heute, einige Jahre später, kann ich sagen: Die Zeit nach dem Verkauf war keine einfache für mich. Ich selbst habe aber alles in allem den Verkauf meiner Firma nicht bereut.

Meine Learnings

1. Ich würde mich nicht mehr so enthusiastisch in die Sache stürzen.
2. Ich würde die Dinge rationaler betrachten und gegenüber Versprechungen sehr skeptisch sein. In dieser Hinsicht war ich ein wenig naiv und gutgläubig.
3. Mich persönlich noch stärker für die *Post Merger Integration* engagieren und diesen Prozess nicht allzu gutgläubig dem Käufer überlassen.

Erfahrungsbericht von Hans – Getränkelogistik

Zum Zeitpunkt des Verkaufs: Alter 48
Mitarbeiter: 160
Umsatz: 75 Millionen Euro

»Wenn ich vor ein paar Jahren gewusst hätte, was ich heute weiß, hätte ich die Firma nicht (zu dem Preis) gekauft«, sagte nach dem Deal der Käufer, als er gefragt wurde, ob sich der Kauf des Großhandels gelohnt hat.

Gründung und Entwicklung des Unternehmens

In den Nachkriegsjahren gründeten meine Eltern ein Getränkegroßhandelsunternehmen. Sie begannen damals mit einem einzigen kleinen LKW und lieferten Bier sowie alkoholfreie Getränke an Privathaushalte, Gaststätten, Trinkhallen und Supermärkte. Die Tugenden der beiden, Pünktlichkeit, Servicegedanke, Angebotsbreite und Zuverlässigkeit führten dem neu gegründeten Großhandel immer neue Kunden zu.

Als Lager diente alles, was sie mieten konnten. Mal war es ein altes Kino, dann Kellerräumlichkeiten einer Eisenbahn-Güterabfertigung und alte Lagerhallen. In den 1960er-Jahren wagten die beiden, einen eigenen Betrieb ganz nach ihren Vorstellungen zu bauen. Das Unternehmen hatte inzwischen 58 Mitarbeiter und 29 Lieferfahrzeuge. Man expandierte weiter und wurde einer der bedeutendsten Distributoren der Region. Der Fokus lag nun immer mehr auf der Belieferung des Lebensmitteleinzelhandels. Ende der 1970er-Jahre trat ich als dritter Gesellschafter in die Geschäftsführung des Unternehmens ein.

Zentralisieren – ja oder nein?

Unser anhaltender Erfolg führte dazu, dass wir immer wieder neue Lagermöglichkeiten an verschiedenen Orten dazu gemietet haben. Trotzdem wurden die verschiedenen Lager / aktuellen Betriebsstätten schnell wieder zu klein und eine Zentralisierung drängte sich auf. Also bauten wir Anfang der 1980er-Jahre erneut einen Betrieb. Auf einem 52.000 qm großen Areal waren nun die Möglichkeiten eines optimierten Betriebsablaufes gegeben. Das Lager im neuen Betrieb konnte auf 9.000 qm bis zu 5.500 Paletten auf 900 Lagerplätzen aufnehmen. Außerdem gab es einen besonderen Bereich für Rollcontainer und ein Kühlzentrum für Fassware.

Die IT übernahm ebenfalls schon Anfang der 1980er-Jahre die Steuerung der Fahrzeugbewegungen auf dem Gelände. Sie organisierte das Lager mit chaotischer Lagerung, funkgesteuerter wegeoptimierender Staplersteuerung und Kommissionierung sowie Auftragsabwicklung. Sie lieferte Geschäftsführung, Verkaufsleitung, Disponenten, Lieferanten und Kunden alle erforderlichen Informationen und bewirkte damit eine totale Transparenz der Geschäftsabläufe im Lieferanten-Kunden-Verkehr.

Außerdem begannen in dieser Zeit gewisse Marktkonzentrationen zuzunehmen. So gab es auf der Seite des Lebensmitteleinzelhandels vermehrt Firmenaufkäufe und Fusionen. Und auch auf der Seite der Brauereien und Mineralbrunnen kauften die Großen im immer größeren Stil die Kleineren auf.

Mehrwert schafft Marge – aber nicht um jeden Preis

Als Großhändler standen wir zwar immer zwischen den Produzenten und dem Einzelhandel, doch ließen sich durch den geschaffenen Mehrwert für beide Seiten immer noch vernünftige Margen erzielen. Mit der höheren Marktmacht auf beiden Seiten nahm der Druck auf die Preise aber stetig zu.

Deshalb war ich auf der Suche nach Lösungen und neuen Geschäftszweigen, um uns aus dieser Umklammerung lösen zu können. Ich versuchte, mich auf nationaler Ebene mit anderen Großhändlern zusammenzuschließen, um ein größeres Gewicht in den Verhandlungen mit den Brauereien und Brunnen zu schaffen. Doch waren die Weitsicht und der Leidensdruck bei den einzelnen Großhändlern ganz unterschiedlich groß, sodass man sich auf keinen gemeinsamen Nenner einigen konnte. Eine andere Idee war, die vorhandenen LKWs auch für Speditionsfahrten nutzen zu können, da es in der Natur des Geschäftes lag, dass die LKWs auch leer von A nach B fuhren. Der Kauf einer Spedition platzte jedoch kurz vor dem Abschluss. Mit der deutschen Wiedervereinigung kamen allerdings ganz neue Möglichkeiten. Und so expandierte ich zusammen mit einem anderen Partner in Ostdeutschland.

Anfang der 1990er-Jahre sah die Marktsituation im Getränkegroßhandel wie folgt aus: Einerseits gab es den Großhändler, der als einziger Getränkegroßhändler mit vielen Standorten in ganz Deutschland tätig war. Andererseits gab es eine Mineralbrunnen-Gruppe, die selbst einen Großhandel aufgezogen hatte, um so seine Produkte günstig ausliefern zu können. Die Gruppe war im Großhandel vor allem regional konzentriert. Und dann gab es uns, die ebenfalls stark regional verankert waren. Dabei waren unsere Marktregionen ziemlich deckungsgleich mit jenen der Mineralbrunnen-Gruppe. Alle drei Großhändler hatten ihre Stammkundschaft, was aber nicht hieß, dass man nicht versuchte, dem anderen Marktanteile wegzuschnappen. Und die Mineralbrunnen-Gruppe war nicht nur ein Mitbewerber, sondern durch seine Brunnen auch ein Lieferant von uns.

Die Marktkonzentrationen nahmen weiter zu und der Druck auf den Großhandel stieg zunehmend. Ich kam an den Punkt, wo ich mir die Frage stellen musste, ob ich unter diesen Umständen weiterhin ein profitables Geschäft betreiben könnte oder ob der Zeitpunkt des Verkaufs gekommen war. Lieber frühzeitig handeln als zu lange zu warten!

Ein geschickter Schachzug musste her

So ging ich zu meinem Mitbewerber und Lieferanten und sagte ihm: »Schau, ich will fair mit dir spielen. Ich habe für mein Geschäft ein Übernahmeangebot von unserem national tätigen Mitbewerber bekommen.« Da klingelten bei ihm die Alarmglocken. Das konnte er nicht zulassen, dass ein großer Konkurrent in seinem Stammgebiet einen anderen Konkurrenten kaufen würde und er am Ende der Dumme wäre.

Also bot die Mineralbrunnen-Gruppe mit. Beziehungsweise bot als Einziger. Denn das andere Angebot gab es überhaupt nicht. Der gesamte Verkaufsprozess von dem ersten Gespräch bis zur Vertragsunterzeichnung dauerte gerade mal drei Monate.

Ich fühlte mich in dieser Zeit sehr zwiegespalten. Rational war es die Gelegenheit, zu einem noch günstigen Zeitpunkt und zu einem attraktiven Preis das Unternehmen zu verkaufen. Denn ich hatte eine Vorahnung, dass ein besserer Zeitpunkt aufgrund der fortschreitenden Marktentwicklungen nicht mehr kommen würde. Außerdem waren mögliche andere Käufer an einem Finger abzuzählen. Auch stimmten die Zahlen. Wir waren Kostenführer in Deutschland sowie profitabel.

Der schwierigere Part: Die eigenen Eltern überzeugen

Auf der emotionalen Seite sah es ganz anders aus. Zum einen musste ich meine Eltern davon überzeugen, dass jetzt der Zeitpunkt gekommen war, ihr Lebenswerk zu verkaufen. Sie waren nicht mehr aktiv im Unternehmen tätig, hielten aber noch 50 Prozent der Anteile. Es waren zähe Gespräche mit ihnen und nur sehr widerwillig gaben sie schlussendlich ihr Einverständnis. Außerdem hatten wir langwierige Diskussionen darüber, wer von uns drei Gesellschaftern wie viel vom Kaufpreis bekommen würde. Denn ich war überzeugt, dass vor allem ich in den letzten zehn Jahren den Unternehmenswert exponentiell gesteigert hatte, was für mich bedeutete, dass ich einen größeren Teil vom Kuchen abbekam, als es meine Anteile aussagen würden.

Die eigentliche Phase der Due Diligence und der Vertragsverhandlung liefen mit dem Käufer in einer angenehmen und wertschätzenden Atmosphäre. Beide Seiten kannten sich bereits seit vielen Jahren und wir hatten zudem schon viele Verhandlungen miteinander geführt.

Dann kam der Tag der Kommunikation. Ich war sehr aufgeregt, als ich mich vor meine Belegschaft (160 Mitarbeiter) stellte und sie darüber informierte, dass wir das Unternehmen verkauft hatten. Zu meiner großen Überraschung gab es nach meiner Verkündung aber großen Applaus. Die Mitarbeiter konnten den Schritt sehr gut nachvollziehen und gönnten es mir offensichtlich.

Als ich anschließend eine ruhige Minute für mich hatte, habe ich geheult wie ein Schlosshund. Diese Reaktion meiner Mitarbeiter bedeutete mir extrem viel. War es doch meiner Meinung nach eine große Anerkennung für mich, auf welche Art und

Weise ich mein Unternehmen geführt hatte und wie zufrieden meine Mitarbeiter mit dem Führungsstil im Unternehmen waren.

Für mich war klar, dass ich mich sofort aus dem Geschäft zurückziehen würde. Für die Integration gab es noch den zweiten Geschäftsführer Frank, mit dem ich über viele Jahre sehr eng und freundschaftlich zusammengearbeitet hatte. Er verpflichtete sich, noch mindestens ein Jahr im Unternehmen zu bleiben. Ich selbst hatte zwar noch für sechs Monate mein Büro, war aber in keine operativen oder Integrationsthemen involviert.

Auch war mein Status am Markt von jetzt auf gleich weg. Natürlich fühlte ich mich bis dahin wohl im Kreise anderer Unternehmer. Doch ich ließ mir erst gar keine Zeit, in ein Loch zu fallen. Stattdessen bin ich in den ersten Monaten nach dem Deal viel auf Reisen gewesen und habe mein Golfspiel weiter intensiviert.

Privat war ich schon einige Jahre geschieden. Zwei Jahre vor dem Verkauf lernte ich eine neue Frau kennen. Sie lebte allerdings in der Schweiz. Auch wenn der Verkauf der Firma in keinem Bezug zu meiner privaten Situation stand, so war es nun jedoch wesentlich leichter, diese Beziehung zu leben. Kurze Zeit später zog ich in die Schweiz.

Meine Learnings

1. Stellen Sie immer wieder alle zwei bis drei Jahre kritisch auf den Prüfstand, welche Chancen Ihr Unternehmen hat.
2. Verträge sollten Sie immer selbst entwerfen (lassen)!

3. Die Bühne, auf der ich als Unternehmer stand, habe ich ungern verlassen. Jedoch gibt es auch andere befriedigende Beschäftigungen.

Erfahrungsbericht von Bert – IT-Umfeld

Projektgeschäft im IT-Umfeld
Zum Zeitpunkt des Verkaufs: Alter 50
Mitarbeiter: 60
Umsatz: > 5 Millionen CHF

»Unser Markt wandelte sich so, dass wir nicht mehr die attraktiven Kunden bekommen konnten. Der Verkauf machte für uns zu dieser Zeit absolut Sinn.«

Die Ausgangslage

Wir waren ein Beratungshaus zur Implementierung einer CRM-Software (Customer Relationship Management). Das CRM-Software-Unternehmen hatte eine eigene Vertriebsmannschaft in allen aktiven Märkten, d. h. auch in der Schweiz, in Deutschland und in Österreich. Dieses Team schloss Lizenzverträge mit ihren Kunden ab. Diese Kunden benötigten aber bei der Einführung dieser CRM-Software Beratungsunterstützung und diese haben wir erbracht. Das bedeutete Beratung im Sinne von: Wie sind die Prozesse beim Kunden heute und zukünftig, wie sieht die Lösung aus? Die Lösung haben wir konfiguriert, Schnittstellen programmiert, Zusatzentwicklungen gemacht, die ganze Einführung durchgeführt, einschließlich Schulungen für die Mitarbeiter der Kunden.

Wir hatten ca. 60 Mitarbeiter in der Schweiz, in Deutschland, in Österreich sowie in Kroatien. Letzteres war unser *Nearshoring*. Die Firma hatte ich gegründet und neun Jahre später verkauft. Am Ende waren wir drei Partner.

Erste Gespräche

Wir sind auf den Verkauf angesprochen worden. Der Hintergrund war eigentlich die Entwicklung im CRM-Software-Markt. Schon zwei Jahre vor dem Verkauf unserer Firma lag die Vermutung nahe, dass sich die CRM-Lösung im Markt durchsetzen würde. Viele Beratungshäuser haben zu dem Zeitpunkt die Meinung vertreten, diese CRM-Software würde ähnlich erfolgreich werden wie eine führende ERP-Software. Aus heutiger Sicht waren die Erwartungen berechtigt und es ist ein enormer Beratungsmarkt entstanden.

Bei dieser Marktwachstumserwartung wollten viele eingesessene Beratungshäuser zügig in diesen Markt einsteigen. Viele erkannten aber schnell, dass ein organischer Einstieg in diesen Markt sehr schwierig und zeitaufwendig ist und haben daher Akquisitionsstrategien verfolgt.

Da es in der Schweiz sowie auch in Deutschland nicht so viele potenzielle Akquisitionskandidaten gab, wurden wir fast wöchentlich angesprochen, ob wir nicht Interesse an einem Verkauf hätten. Wir haben sowohl ernsthafte als auch viele unseriöse Anfragen erhalten. Bereits zwei Jahre vor dem Verkauf hatten wir angefangen zu überlegen, ob wir möglicherweise verkaufen möchten und haben uns dann ein Jahr später definitiv dafür entschieden. Unsere Hauptmotivation dafür war hauptsächlich eine Veränderung der Marktstruktur. Als wir begonnen hatten, handelte es sich um einen Markt, den eine Boutique-Firma ausgezeichnet bedienen konnte und wir waren dafür genau richtig aufgestellt. Sieben Jahre später war uns dann aber schon bewusst, dass sich der ganze Beratungsmarkt bereits geändert hatte und dies weiterhin noch stärker tun würde. Wir haben die feste Überzeugung vertreten, dass der Markt zukünftig von globalen Beratungshäusern und nicht von Boutique-Beratungshäusern dominiert werden würde.

Plötzlich waren die bekannten globalen Beratungshäuser im Markt und sind auf die großen multinationalen Kunden und großen Projekte losgegangen. Das war aber traditionell unser Marktsegment.

Unsere eigenen Mandate wurden immer kleiner

Mein erster Kunde war ein Technologiekonzern in München. Neben mir gab es zu diesem Zeitpunkt nur einen weiteren Mitarbeiter. Ein solch großer Konzern machte normalerweise keine Geschäfte mit einem Unternehmen unserer Größe. Unser zweiter Kunde war ein globaler Hausgerätehersteller. Wir konnten noch weitere multinationale Großkonzerne aus unterschiedlichen Branchen, wie zum Beispiel aus der Telekommunikation oder Pharmaindustrie, gewinnen. Wir hatten bei dem CRM-Software-Haus die Positionierung, die großen und komplexen Kunden erfolgreich bedienen zu können.

Als dann die globalen Beratungshäuser auf den Markt kamen und entsprechende Kompetenzen aufbauten, sind unsere Kundenmandate immer kleiner geworden. Wir konzentrierten uns auf den Mittelstand mit seinen *Hidden Champions*. Dies waren immer noch hervorragende Kunden, aber nicht mehr die ganz großen Namen.

Aber auf Dauer funktioniert das nicht. Langfristig werden Sie mit diesen kleinen Kunden nicht erfolgreich sein. Weil Sie immer das Gleiche machen. Und wenn Ihre erfahrenen Leute fünfmal das gleiche Projekt gemacht haben, sagen die: »Boah, das ist mir zu langweilig« und wechseln zu einem der größeren Beratungshäuser, weil sie dort aus ihrer Sicht spannendere Projekte machen können.

Wir sahen unsere Chance

Es war ein Markt für die globalen Beratungshäuser geworden, nicht mehr für die kleinen Boutique-Firmen. Wir waren überzeugt, dass dies der ideale Zeitpunkt zum Verkaufen war. Ein totaler »Hype Markt«. Die typischen Multiples für Beratungen galten nicht mehr, es wurde zwei- bis dreimal mehr bezahlt. Darin sahen wir unsere Chance.

Erfreulicherweise mussten wir nicht aktiv auf den M&A-Markt zugehen, sondern konnten warten, bis wir angesprochen wurden und das Angebot passte. Dieses kam dann recht bald. Von der Anfrage bis zum Abschluss hat es über ein Jahr gedauert. Wir sind von einem globalen Technologiekonzern aus Asien angefragt worden bzw. von dessen deutscher Niederlassung, die für Deutschland, Österreich und die Schweiz zuständig war.

Eine Auktion mit mehreren potenziellen Käufern – ja oder nein?

Im Nachhinein würde ich es wahrscheinlich tun. Aber damals wollte ich es nicht, weil es mir wichtig war, dass die Kultur des Käufers zu unserem Team passte. Und der Kaufpreis natürlich ebenfalls.

Mir lag auch daran, dass mein Team in eine Organisation kam, wo ich das Gefühl hatte: »Dort können die auch glücklich und erfolgreich werden.«

Die globalen Beratungshäuser haben damals sehr viel aufgekauft. Ich war nicht bereit, unser Team an jedes andere Beratungshaus zu verkaufen und habe daher zu dem Zeitpunkt eine Auktion ausgeschlossen. Im Nachhinein würde ich es heute anders machen.

Auf eine klassische M&A-Beratung haben wir größtenteils verzichtet

Wir haben uns beraten lassen, aber nicht im Sinne einer M&A-Beratung. Wir hatten von Anfang an eine Rechts- und Steuerberatung. Und eine M&A-Beratung hatte ich durch einen sehr engen Freund. Er war Partner bei einem Private-Equity-Haus in Zürich und unterstützte mich dabei. Ich konnte ihn zu allen möglichen Dingen fragen. Und ich selbst hatte ebenfalls ein breites und tiefes Verständnis im Bereich M&A und deren Herausforderungen. Insbesondere *Corporate Finance* war eines meiner Schwerpunktfächer im Studium gewesen.

Ehrlicherweise hatten wir zu Beginn einen sehr großen Respekt vor einer solchen Transaktion. Wir erwarteten, dass wir auf Käuferseite auf sehr versierte M&A-Experten treffen würden. Dem war zum Glück nicht so. Wir hatten vielmehr den Eindruck, dass weder Kenntnis bezüglich unseres Marktes noch unseres Geschäftes vorlag und auch teilweise sehr wenig M&A-Erfahrung vorhanden war.

Das fing damit an, dass grundlegende Dinge wie Data Rooms oder Due Diligence-Vorgehensweisen und Checklisten nicht vorhanden waren und laufend zusätzliche Informationen angefragt wurden. Nach einigen Wochen wurde dann eine Rechtsanwaltskanzlei in Deutschland beauftragt, welche sehr erfahren und kompetent war. Der Käufer hatte ebenfalls einen spezialisierten Berater für das Pricing und die Deal-Struktur betraut. Die Dienstleister, die sie hatten, waren relativ gut, aber sie selbst waren vollkommen unerfahren. Deshalb hat es sich auch so lange hingezogen. Leider war bis zwei Tage vor dem Signing nicht klar, welche juristische Person uns nun endgültig kaufen und wer Geschäftsführer der Schweizer Gesellschaft werden würde. Dies war insbesondere problematisch für den

Käufer, da ein Geschäftsführer einer Schweizer Gesellschaft in der Schweiz wohnhaft sein muss. Ich war zwar weiterhin in der Geschäftsführung (die anderen zwei Partner sind zurücktreten), aber sie wollten auch einen eigenen Mann in der Firmenleitung. Den haben sie schließlich kurz vor der Unterschrift tatsächlich gefunden.

Absichtserklärung, Bewertung und Preisfindung

Das ging schnell. Auch den *Preisrange* haben wir schnell festgelegt. Im ersten Gespräch konnten wir uns auf die Methode zur Preisfindung einigen (Umsatz-Multiple). Für uns kam nur diese Bewertungsmethode infrage. Einen EBITDA-Multiple wollte ich auf keinen Fall, weil unser EBITDA einfach zu tief war. Wir konnten in der Zeit seit der Gründung das Unternehmen von 0 auf 60 Leute hochfahren. Das bedeutete, unsere Strategie war nie eine Gewinnmaximierung, sondern eine Wachstumsmaximierung. Uns war Liquidität immer sehr wichtig. Daher haben wir uns auch in all den Jahren nie eine Dividende ausgeschüttet, weil wir immer das Geld reinvestiert haben, um weiterzuwachsen und zusätzliche Mitarbeiter einzustellen. Bei einem EBITDA-Multiple wäre eine Bewertung herausgekommen, zu der wir kein Interesse an einem Verkauf gehabt hätten.

Dauer der Due Diligence und Vertragsverhandlungen: Ein paar Mal wollte ich den Stecker ziehen

Die Due Diligence war chaotisch in dem Sinne, dass die Käuferseite von Anfang an nicht wusste, was sie prüfen musste und bis wann die Due Diligence abgeschlossen sein sollte. Wir hätten hier härter sein müssen und eine Frist von vier Wochen setzen sollen. Das haben wir aber leider nicht getan. Die Due Diligence dauerte letztendlich fünf Monate. Was es aber wirklich verzögert hat, waren die internen Diskussionen auf der Käuferseite. Initiiert wurde der Deal von der Tochtergesellschaft in Deutschland, musste aber mit der EMEA-Zentrale (Headoffice der Region Europe and Middle East) und später mit dem Headquarter abgestimmt werden. Das führte auch dazu, dass wir eine Delegation aus dem asiatischen Headquarter in Europa persönlich treffen mussten. Leider haben diese Abstimmungen auf unterschiedlichen Ebenen immer wieder neue Anforderungen und Deal-Strukturen erfordert.

Zudem mussten wir für das Meeting 200 Seiten Präsentation übersetzen lassen, weil unsere asiatischen Verhandlungspartner nicht über die nötigen Englischkenntnisse verfügten. Erschwerend kam hinzu, dass immer wieder andere Leute am Verhandlungstisch saßen, die ständig mit neuen Ideen und Schwerpunkten kamen. Irgendwann meinte sogar jemand, der Preis sei zu hoch. Sie wollten auf einmal 20 Prozent weniger zahlen, woraufhin ich ihnen mitgeteilt habe, dass die Diskussion hiermit beendet sei. Anschließend bin ich aufgestanden und gegangen. Solche Spielereien zogen sich durch die ganzen Gespräche. Die Due Diligence und die Vertragsverhandlungen gingen fließend ineinander über.

Ein paar Mal war ich an dem Punkt, an dem ich dachte: »Komm, da habe ich wohl die falsche Wahl getroffen, ich finde schon einen anderen Käufer«, aber irgendwann möchte man auch einfach abschließen. Nach dem Motto: »Jetzt bin ich schon so tief drinnen, jetzt will ich das auch durchziehen.« Und wir waren bis zum Schluss überzeugt, dass das für unser Team der beste Käufer war. Dementsprechend hatte ich keinen Zweifel daran, auch wenn die Käuferseite so kompliziert war.

Und obwohl es klingt, als wäre alles stark von Asien kontrolliert worden, so mischten sie sich nicht in das Operative ein.

Nur gewisse Zustimmungen musste man sich im Headquarter abholen. Abgesehen davon waren sie auch in der Integrationsphase praktisch nicht mehr spürbar.

Den Kaufvertragsentwurf haben wir geliefert

Besser gesagt, unsere Anwältin! Das hatte ich auch nicht erwartet. Die Käuferseite besaß leider nur wenig Erfahrung und hatte daher auch keine Vorlagen. Es wirkte, als sei es das erste Mal, dass sie so einen Deal abschlossen. Das würde ich im Nachhinein vielleicht auch anders machen. Wir baten die Anwältin um Unterstützung, die uns über Jahre hinweg im Vertragsrecht hervorragend beraten hatte. Sie beschäftigte sich auch intensiv mit unserem Anliegen und machte ihre Sache ausgezeichnet. Aber sie war nicht die gestandene Expertin auf diesem Gebiet. Die ganze Verhandlung ging bestimmt drei Monate. Und von der ersten Kontaktaufnahme bis zum Signing dauerte es sicher ein Jahr.

Der große Tag: Die Verkündung – und danach fangen die Aufgaben erst an

Ich hatte die wichtigen Leute in Einzelgesprächen zwei Wochen vorher informiert. Und eine Woche zuvor hatte ich mit jedem Mitarbeiter mindestens ein Einzelgespräch geführt. Außerdem hatten wir die komplette Belegschaft nach München eingeladen. Das heißt, alle Leute aus Kroatien, alle aus Österreich, alle aus der Schweiz und die Deutschen sowieso. Sie sind alle nach Deutschland in das Headquarter des Käufers gekommen, sodass sich die Teams schon vorab kennenlernen konnten. Zusammen mit dem CEO des Käufers und dem Führungsteam haben wir alle gemeinsam informiert. Offen gestanden, herrschte erst einmal große Unsicherheit. Es war jedem bewusst, dass die

Integrationsphase hochintensiv sein würde, aber dass sie so intensiv werden würde, hätte ich nicht gedacht. Die Leute haben nicht gewusst, was auf sie zukommt. Da hat uns ein großes, internationales Unternehmen gekauft. Was bedeutet das jetzt für mich? Wie ist die Unternehmenskultur? Asiaten? Deutsche? Die Mitarbeiter wissen nicht mehr richtig, auf wen oder was sie sich verlassen können. Und diese Unsicherheit können Sie nur mit enorm viel Kommunikation wieder nehmen. Mit jedem Mitarbeiter habe ich in den Wochen danach sicher noch drei bis vier Einzelgespräche geführt, um jedem individuell seine Vorteile und seine Karrieremöglichkeiten zu erklären.

Auch auf der Seite des Käufers wollte jeder von den obersten zwei bis drei Führungsebenen dringend mit mir sprechen. Nach dem Motto: »Jetzt haben wir dich ja gekauft.« Und jeder wollte von mir hören, dass ich jetzt mit meinem Team nur noch bei seinen Kunden helfe, ihn erfolgreich zu machen.

Und dann war da noch die CRM-Software-Firma selbst. Sie als Unternehmen war ihnen und für deren Geschäftserfolg sehr wichtig. Sie hatten nämlich mittlerweile viele solcher Übernahmen erlebt, auch Unternehmenskäufe, die nicht erfolgreich waren. Also wollten alle Führungskräfte der CRM-Software-Firma von mir hören, dass alles funktioniert und alle motiviert sind.

Und zu guter Letzt hatten wir noch Kunden. Und die fragten mich dann, wie lange ich denn nun noch beim Käufer bleiben würde. Die Kunden hatten das Projekt bei mir gekauft und wollten dieses auch mit mir persönlich umsetzen. Auch auf dieser Seite herrschte Verunsicherung.

Schließlich haben wir noch einen großen Fehler gemacht. Wir haben einen ambitionierten Businessplan erstellt, in dem wir davon ausgegangen sind, dass wir das Wachstum der Vergangenheit einfach so weiterziehen können. Aber woher sollte ich die Zeit nehmen, um mich auch noch um Opportunitäten und ein neues Geschäft kümmern zu können?

Und als wäre das nicht genug: Eine Welle an Kündigungen

Von den 60 Mitarbeitern sind 20-25 Prozent gegangen. Das ist vier bis sechs Monate nach der Verkündung passiert. Am Anfang war da die Ruhe vor dem Sturm. Und dann machten sich alle ihre Gedanken. Parallel dazu riefen ständig Headhunter bei uns an. Wahllos auf irgendwelchen Firmennummern! Auf 60 Mitarbeiter haben wir bestimmt 250 Anrufe erhalten. Die Mitarbeiter haben sich das angesehen und dann sind innerhalb von drei Monaten jeweils fünf bis sechs Mitarbeiter pro Monat gegangen. Das war schon kritisch.

Es gingen leider genau die Leute, die eigentlich gebraucht wurden. Es gehen nicht die jungen, die gerade gekommen sind, und es gehen nicht die, die man eigentlich gern loswerden möchte, sondern es verlassen genau diejenigen das Unternehmen, die Schlüsselpersonen auf den Projekten sind. Und wenn plötzlich ein Viertel der Mannschaft weg ist, dann fangen auch die Projekte an, in Schwierigkeiten zu kommen. Glücklicherweise haben wir das managen können. Kein Projekt wurde abgesagt oder abgebrochen. Die Projekte waren allerdings auch nicht mehr unbedingt rentabel, da wir sehr viele zusätzliche Ressourcen einsetzen mussten, um die Projekte zu stabilisieren.

So sind wir ohne Schadensersatz- oder Regressforderungen aus den Diskussionen mit den Kunden herausgekommen. Das bedeutete nicht, dass jeder Kunde uns automatisch Folgeaufträge gegeben hat. Aber wir sind zumindest sauber aus der Sache herausgegangen. Manche Kunden, die ich damals mitgebracht habe, die bedient der Käufer heute noch. Sie haben sich zu den größten Kunden entwickelt.

Am Anfang gingen Leute weg. Aber insgesamt, in den drei Jahren, in denen ich nach dem Verkauf noch dort war, konnten wir das Team praktisch verdoppeln: von 60 auf 120 Leute.

Was war schiefgelaufen?

Mitarbeiter suchen sich auch ihren Arbeitgeber aus. Mit unserer Firma waren wir ein Boutique-Partner und unsere Mitarbeiter wollten auch für so einen Boutique-Partner arbeiten. Manche der Leute haben sich bewusst für uns und gegen große internationale Beratungshäuser entschieden. Und wenn die dann von einem großen Unternehmen übernommen werden, dann fühlen sie sich nicht mehr wohl. Außerdem hatte die HR-Abteilung in der Ausformulierung der neuen Arbeitsverträge an der ein oder anderen Stelle ein unglückliches Händchen, um es vornehm auszudrücken. Das trug auch nicht gerade zur Zufriedenheit der Mitarbeiter bei.

Ernüchterung: Manche Käufer sind nur auf dem Papier groß

Ich habe mir etwas mit dem Verkauf versprochen. Ich war davon überzeugt und bin es immer noch, dass sich der CRM-Beratungsmarkt ändert und die globalen Beratungshäuser den Markt dominieren werden.

Und die Ernüchterung kam. Der Käufer hatte mehr als 100.000 Mitarbeiter und war einer der größten Partner der CRM-Software-Firma weltweit. Und ich hatte mir versprochen, dass ich davon profitieren kann. In der Realität war die Zusammenarbeit zwischen den Landesgesellschaften aber nur sehr gering. Und da war die Ernüchterung, dass der Käufer zwar auf dem Papier groß war, sich in der Realität aber wie eine mittelständische Beratung anfühlte. Das war nicht das, was ich gesucht oder mir erhofft hatte.

Zwei Themen haben mich ernüchtert: Das eine war, dass der Käufer keine Strategie oder keine Positionierung im Markt hatte. Ich kann nicht sagen, wofür sie standen und habe das rückblickend während des Prozesses auch nicht hinterfragt. Das andere war die Führungskultur innerhalb des Unternehmens. Und so war mir klar, dass ich so lange bleibe, wie ich mich vertraglich verpflichtet hatte und kündige an dem Tag, an dem ich nicht mehr bleiben musste.

Die ersten Monate nach dem Verkauf

Die ersten neun Monate nach der Unterschrift waren die intensivsten, die ich wahrscheinlich jemals durchgemacht habe. In diesen neun Monaten habe ich mir jeden Tag gesagt, davonlaufen ist leichter, als dazubleiben. Und in diesen Monaten habe ich wahrscheinlich jeden Tag überlegt, ob ich davonlaufen soll. Danach hat sich das eingependelt. Ein halbes Jahr, bevor ich dann das Unternehmen tatsächlich verlassen konnte, war es mir dann aber definitiv klar.

Ich hatte mit den Käufern auch noch mal Diskussionen über einen variablen Earn Out, bei dem sie sich meiner Meinung nach nicht korrekt verhalten hatten. Der Earn Out war geknüpft an Umsatz, Marge und an den Verbleib von Schlüsselpersonen. Und bei der Beurteilung der Schlüsselpersonen waren sie nicht ganz fair. Das war dann der letzte Punkt für mich, an dem innerlich alles erledigt war.

Mein persönliches Fazit

Ich habe den Verkauf nie bereut, keine Minute. Ich bin heilfroh. Das hört sich immer so schön an, wenn jemand Unternehmer ist und jetzt wie in meinem Fall 60 Leute hat. Aber das, was man als Unternehmer nicht hat, ist Flexibilität.

Als Angestellter habe ich jederzeit die Möglichkeit, wieder etwas anderes zu machen. Wenn mich heute mein Arbeitgeber ärgert, werfe ich morgen alles hin und sage: »Macht ohne mich weiter.« Wenn Sie Unternehmer mit 60 Leuten sind, haben Sie diese Möglichkeit nicht. Dann müssen Sie weitermachen, weil jeden Monat Geld hereinkommen muss. Sie können sich nicht einfach verabschieden.

Heute bin ich zufrieden. Ich bin jetzt bei einem globalen Beratungshaus. Globale Synergien kommen hier wirklich zum Tragen und ich mache wieder CRM-Beratung. Dabei fokussiere ich mich nur auf die Schweiz und darüber bin ich auch sehr froh. Ich möchte nicht mehr so viel reisen.

Meine Learnings

1. Gerade bei internationalen Verkäufern und mit großen Konzernen im Hintergrund ist die Integrationsphase viel intensiver, als man eigentlich denkt. Es erfordert viele Einzelgespräche, um jedem Mitarbeiter die Vorteile der neuen Situation und seine Karrieremöglichkeiten verständlich darzulegen.
2. Bei der Neugestaltung der Verträge für die Mitarbeiter durch HR würde ich ebenfalls stärker aufpassen.
3. Auch wenn die Käuferseite kompliziert war, war ich bis zum Schluss überzeugt, dass sie der richtige Käufer für mein Team war. Das hat uns durchhalten lassen.

Erfahrungsbericht von Harald – Telekom-Branche

Zum Zeitpunkt des Verkaufs: Alter 34
Mitarbeiter: 14
Umsatz: 10 Millionen Euro

»Die Rolle im Konzern nach dem Verkauf ist ein zweischneidiges Schwert.«

In meinem Studium war ich der Einzige, der vorher kein Techniker war. Aber ich wollte damals unbedingt Elektronik mit Schwerpunkt Mobilfunk studieren. Denn Ende der 1990er-Jahre ging es los mit den Mobiltelefonen. Viele Orte für dieses Studium gab es damals im deutschsprachigen Raum nicht. Deshalb war ich froh, dass ich es direkt vor meiner Haustür in Wien studieren konnte.

Das Studium ohne technisches Vorwissen war happig, aber ich habe am Ende bestanden und danach gleich bei einem der beiden damaligen österreichischen Netzbetreiber angefangen. Meine Aufgabe bestand zu Beginn im IT-Projektmanagement in der Netzplanung, denn es mussten damals noch Mobilfunkmasten für die nötige Netzabdeckung aufgebaut werden, um all die Funklöcher zu stopfen.

Begonnen hatte Harald seine berufliche Laufbahn in der IT- und Netzwerkplanung von *max.mobil.* Zwei Jahre später folgte der Wechsel ins Produktmarketing zu *tele.ring.* Weitere zwei Jahre später wurde er Director des *Product House* bei DIMOCO. Noch vor der Einführung des iPhones, das den Wendepunkt im Smartphone-Markt einläutete, gründete er im Alleingang die *IQ mobile GmbH*.

Nach der Expansion des Unternehmens in drei Länder und dem Zuwachs auf 17 Mitarbeitende folgte fünf Jahre später der Verkauf und die Eingliederung der *IQ mobile GmbH* in das *Aegis Network* (ab 2013 *Dentsu Aegis Network*), einer weltweit tätigen Kommunikations- und Marketingagentur, wo er noch sechs weitere Jahre Mitglied des *Steering Boards* von *Dentsu Aegis Network Austria* war. Weiterhin als Geschäftsführer der *IQ mobile GmbH* verantwortete er den Europa-Roll-Out seines Unternehmens.

Acht Jahre nach meinem Berufseinstieg traf ich die Entscheidung, mich selbstständig zu machen. Ich gründete mit zwei Minderheitsgesellschaftern (nicht operativ tätige »Business Angels«) die Firma *IQ mobile*. Zuerst hatten wir uns auf die Programmierung von mobilen Services, wie z. B. Wetter-SMS oder News-Services, konzentriert. Mit dem Aufkommen der Smartphones haben wir dann später (Web-)Apps projektiert und programmiert. Wir hatten in der ersten Zeit vor allem einen Mix aus kleineren Kunden, die einen Bedarf nach eigenen Apps hatten, und zwei bis drei großen internationalen Marken, die in ihrer Branche jeweils Vorreiter waren.

Neben der steigenden Nachfrage nach Apps sah ich aber auch den Bedarf der Firmen nach digitaler Werbung und dies speziell auf mobilen Geräten. Bannerwerbung im Internet war ja schon länger bekannt. Dies galt es nun auch auf die Mobilgeräte zu übertragen, deren Displays und Funktionen zunehmend an Attraktivität gewannen.

Vision und Hartnäckigkeit zahlen sich aus

Zunächst belächelte man mich. Entweder ist man eine Entwicklungsfirma oder eine Marketingagentur, aber bitte doch nicht beides unter einem Dach. Einige Jahre später sollte sich meine Hartnäckigkeit, beide Bereiche miteinander zu kombinieren, auszahlen. Ich hatte zwei ebenbürtige Standbeine aufgebaut und konnte die ersten Großkunden für unser Unternehmen gewinnen. Unser Unternehmen umfasste mittlerweile 17 Mitarbeitende und wir waren in ganz Österreich tätig. Auch hatten wir einen schönen Branchenmix. So stammten unsere Kunden aus dem Telekom-, Banken- und Lebensmitteleinzelhandelsumfeld. Doch mein Fokus erweiterte sich. Was in Österreich klappt, sollte doch auch in Deutschland und der Schweiz möglich sein. Allerdings schien dies allein kompliziert zu werden.

> *IQ mobile* konzentrierte sich zunächst auf die Entwicklung von SMS-Services und mit der Einführung der Smartphones auch auf die App-Entwicklung jeweils im Auftrag von Kunden. Ungewöhnlich für eine Entwicklerfirma startete man dann mit einem zweiten Standbein: der digitalen Werbung.

Die ersten Gespräche und eigene Prioritäten

Durch unsere Erfolge am Markt sind wir größeren Konzernen aufgefallen, die sich sagten, dass das Angebot der *IQ mobile* doch optimal ins eigene Portfolio passen könnte.

Ich selbst hatte fünf Jahre nach der Gründung überhaupt keine Absichten, mein Unternehmen zu verkaufen. Dennoch kam es eher zufällig innerhalb weniger Wochen zu informellen

Gesprächen mit drei internationalen Konzernen. Die machten dann auch kein Hehl aus ihrem Interesse, uns zu kaufen. Die einen wollten gleich 100 Prozent erwerben und mich auch nicht groß weiterbeschäftigen. Das ging mir zu weit. Ich wollte doch mein Baby weiterentwickeln. Der zweite schlug eine Minderheitsbeteiligung, der dritte eine Mehrheitsbeteiligung mit späterer Übernahme der restlichen Anteile vor.

Drei Punkte waren mir damals wichtig und waren die Kriterien, warum ich mich auf den Verkauf eingelassen habe:

1. **Internationalisierung:** Uns war klar, dass unser Produkt auch in den anderen Ländern der DACH-Region große Nachfrage finden würde. Wir hatten allein einfach nicht genügend Kapazitäten, es stemmen zu können. Mit einem Konzern im Rücken hatte ich erwartet, diese Internationalisierung schneller vorantreiben zu können. Zudem gefiel mir die Lösung, Teil eines Konzerns zu werden, auch für meine Mitarbeiter, die dadurch natürlich ganz neue Karrieremöglichkeiten bekämen.
2. **Geld:** Ich würde lügen, wenn nicht auch das Geld beim Verkauf eine Rolle gespielt hätte. Es versüßt die bisherige Arbeit. Ich erinnerte mich noch an die Zeit, wo das Unternehmen wirklich kurz vor dem Aus stand, weil kein Geld mehr da war. Mit diesem Unternehmen nach nur sechs Jahren am Markt nun eine stattliche Summe kassieren zu können, die mir ein sorgenfreies Leben ermöglichen sollte, war schon eine große Genugtuung.
3. **Stelle im Board eines Konzerns:** Mit diesem Punkt fühlte ich mich schlussendlich vollends umschmeichelt. Ich als Inhaber und Geschäftsführer einer 17-Mann-Firma wurde

Mitglied eines Management-Boards und das in einem Konzern, der aus Deutschland die Europageschäfte führte. Zu einem exklusiven Kreis von »Members of the Board« zu gehören, gefiel mir. Erst später wurde mir klar, dass in einem Konzern doch nicht alles so rosig ist, wie ich es mir vorgestellt hatte. Aber dazu später mehr.

Die Due Diligence: überraschend harmlos

Die Due Diligence lief recht zügig innerhalb von sechs Wochen ab. Neben vielen Dokumenten, die ich in den virtuellen Datenraum laden musste, hatte ich auch eine Woche lang mehrere Revisoren in meinem Büro, die sehr akribisch viele Unterlagen durchsahen. Meine Mitarbeiter musste ich anlügen, dass wir eine Steuerrevision im Hause haben. Sie anzulügen gefiel mir überhaupt nicht, aber es blieb mir nichts anderes übrig. Ich wurde zwar extrem viel gefragt und musste viele Informationen liefern, aber im Vergleich zur eigentlichen Vertragsverhandlung war das harmlos.

Die Vertragsverhandlungen habe ich allein geführt. Natürlich hatte ich meinen langjährigen Anwalt mit an Bord, der auch einer meiner »Business Angels« war. Außerdem war er auch ein Experte im Bereich M&A. Zudem kam er aus einer großen Kanzlei, die über weitere Spezialisten verfügte. Mein Steuerberater agierte im Hintergrund. Er konnte zwar bei der Informationsbeschaffung helfen, für die Verhandlungen war er jedoch kein Partner. Und so saß ich zusammen mit meinem Anwalt in den Verhandlungen einer Delegation von mindestens vier Leuten gegenüber: dem Landeschef des Konzerns, der den Deal initiiert hatte, dem Finanzchef, dem Leiter M&A und einem Controller. Bei gewissen Themen waren außerdem der Personalchef und später der konzerninterne Anwalt mit am Tisch.

Die Verhandlungen: ein zähes Hin und Her

Die Verhandlungen gestalteten sich äußerst zäh. Am Verhandlungstisch konnte ich richtig erkennen, wie sie »Good Guy / Bad Guy« mit mir spielten. Der eine knallhart in der Sache, der andere dann beschwichtigend, dass wir alles hinbekommen würden. Noch mühsamer war jedoch, dass sie nichts selbst entscheiden konnten und immer wieder vorgegeben haben, sich nochmals mit der Konzernzentrale in London absprechen zu müssen. Und so kam es sicherlich viermal vor, dass bereits beschlossene Punkte später wieder aufgemacht und abermals verhandelt wurden. Zweimal konnte ich bei meinem Punkt bleiben, zweimal haben sie sich mit ihren neuen Forderungen durchgesetzt. Dabei hatten sie in einem Punkt dann vollends meine Reizschwelle überschritten, sodass ich bei einem weiteren Verharren auf dieser Forderung die Verhandlungen komplett abgebrochen hätte. Aber so weit kam es nicht. Das heißt jedoch nicht, dass wir nicht noch bis zur letzten Minute über Details verhandelt hätten. Selbst am Tag der Vertragsunterzeichnung hatte man erneut das Bonusmodell in meinem Arbeitsvertrag abgeändert. Mir sollte es recht sein, war diese Änderung zu meinen Gunsten – wobei ich mir sicher bin, dass ihnen das gar nicht aufgefallen ist.

Deal Struktur

Der Deal sah vor, dass 50 Prozent zum Zeitpunkt des Closings gezahlt wurden. Der Rest galt als Earn Out, der gebunden am Erfolg der kommenden sechs Jahre für mich und vier Jahre für die Minderheitsgesellschafter ausbezahlt wurde. Jedes Jahr zählte einzeln für die Berechnung des Earn Outs.

Die Minderheitsgesellschafter wurden zum Zeitpunkt des Closings ausbezahlt und erhielten zusätzlich in den kommenden vier Jahren anteilig und abhängig von der Höhe des Jahresgewinns weiteres Geld ausbezahlt. Ich selbst hatte noch 25 Prozent behalten (75 Prozent waren beim Käufer). Für diese Anteile habe ich über sechs Jahre einen jeweils vom Jahresgewinn abhängigen jährlichen Earn-Out-Anteil erhalten. Nach den sechs Jahren waren somit die 25 Prozent abgegolten und ich habe die Aktien an den Käufer übergeben.

Der Tag der Verkündung

Nach der Vertragsunterzeichnung beim Notar ging es gleich zur Landeszentrale in Wien, wo mit großem Jubel der Deal verkündet wurde. Nicht ganz so euphorisch wurde die Mitteilung aufgenommen, als ich am selben Tag meinen Mitarbeitern die Neuigkeiten im *IQ-mobile*-Büro überbrachte. Die einen erkannten sofort die neuen Möglichkeiten für sich und das Unternehmen, andere waren komplett sprachlos und der Rest war sehr skeptisch. Das konnte ich zuerst überhaupt nicht verstehen, warum denn nicht alle so euphorisch waren wie ich.

In den darauffolgenden Tagen habe ich viele Einzelgespräche geführt. Zuerst mit meinen drei Abteilungsleitern, dann den vier Teamleitern und schließlich mit jedem Mitarbeiter. Ich habe im ersten Jahr niemanden meiner Mitarbeiter verloren. Das Gegenteil war der Fall! Es herrschte Aufbruchstimmung. So konnten wir eine Niederlassung in Hamburg eröffnen und einen Partner in Zürich finden. Dieses Wachstum war auch für die Mitarbeiter spannend. Eine Mitarbeiterin konnte sich zudem einen Traum verwirklichen und für einen längeren Zeitraum zu unserer deutschen Tochtergesellschaft in Hamburg wechseln und große Kunden mit Budgets betreuen, von welchen wir vor dem Deal nur geträumt hatten.

Eine Fülle an Aufgaben und Herausforderungen – und wo bleibt der Earn Out?

Ich selbst war im ersten Jahr nach dem Verkauf meiner Firma noch mehr unterwegs als es vorher schon der Fall war. Als Vertriebsmann an vorderster Front reiste ich entsprechend oft. Zusätzlich kamen aber jetzt noch eine Vielzahl von Verpflichtungen aus meiner neuen Rolle als Konzernleitungsmitglied dazu. Eine Fülle an Meetings und Overheadthemen, die ich vorher so nicht kannte, und eine große Menge Unternehmenspolitik. Da liefen zahlreiche Machenschaften und manches, was ich erst später bemerkt habe. Einige Kollegen waren mir wohlgesonnen und wollten auch gleich mit mir zusammenarbeiten. Aber andere spielten üble Spielchen hinter meinem Rücken. Und es gab Neid. Der Konzern war mittlerweile ein Mischkonzern geworden. In ihm gab es Bereiche aus der *Old Economy* und der *New Economy*. Und raten Sie mal, wer erfolgreicher war. Da gab es natürlich Neid und Missgunst von den Alteingesessenen. Das ging so weit, dass man sich intern Knüppel zwischen die Beine geworfen hat. Für mich war es zuerst unvorstellbar, dass man als Mitarbeiter des gleichen Konzerns gegeneinander arbeitet.

Im ersten Jahr bot sich mir dann auch keine Möglichkeit, meine (Earn-Out-)Ziele zu erreichen. Ich hatte zu viel um die Ohren und zu wenig Zeit, mich um den Vertrieb zu kümmern. Ab dem zweiten Jahr gelang mir das viel besser. Die Aufträge kamen und wir wuchsen bis auf 40 Mitarbeiter an. Im zweiten bis vierten Jahr konnte ich meine Ziele erreichen und der Neid wuchs weiter.

In Bezug auf Synergien oder zusätzlichen Boost für das Business durch die Zugehörigkeit zum Konzern war übrigens nichts zu spüren. Solche wie uns gab es noch nicht im Unternehmen und eine Zusammenlegung mit einem anderen Bereich, um schlagkräftiger zu werden, bot sich nicht an. Was mich auch sehr irritierte, war die hohe Fluktuation im Konzern. Teilweise wurde eine Position sogar zwei bis drei Mal innerhalb eines Jahres neu besetzt. Zwischendrin wurde der Konzern selbst aufgekauft und die Regionsverteilung mit den diversen Regionszentralen wurde binnen zwei Jahren zweimal neu strukturiert, was das Durcheinander perfekt machte.

Der ehemalige Länderchef, der den Kauf damals initiierte, war zwar immer noch im Konzern, doch ihn interessierte schon zeitnah nach dem Kauf überhaupt nicht mehr, was aus uns wurde. Muss man für den Erfolg einer gekauften Beteiligung in einem Konzern überhaupt keine Rechenschaft ablegen? Ich glaube, er hatte uns nur gekauft, weil es sich gut in seinem CV konzernintern machte. Einen anderen Grund kann ich im Nachhinein nicht sehen.

Die letzten zwei Jahre im Konzern lohnten sich für mich in keiner Weise. Ich war nicht mehr in der Lage, die gesteckten Earn-Out-Ziele zu erreichen. Mein Team wurde immer kleiner und am Ende der sechs Jahre waren noch genau vier Mitarbeiter in meinem Bereich, wovon drei schon bei der Übernahme an Bord waren.

Meine Learnings:

1. Ein dreijähriger *Earn Out* hätte es auch getan. Ich habe nie darüber nachgedacht, vor Ablauf der sechs Jahre abzuspringen, aber ich hätte es rückblickend nach dem erfolgreichsten vierten Jahr machen sollen.

2. Unterschätze niemals die politischen Spielchen in einem Konzern und den Neid der sogenannten Kollegen in Führungspositionen.
3. Ich würde mir einen persönlichen Coach/Berater nehmen, der mich schon ab dem Verkaufsprozess begleitet.

Erfahrungsbericht von Heiko – Beratung und Training

Zum Zeitpunkt des Verkaufs: Alter 52
Mitarbeiter: 12
Umsatz: 1,5 Millionen Euro

»Während meine Mitarbeiter das Wochenende genossen, saß ich bei bestem Wetter im Büro und tat Dinge, die mir keinen Spaß machten.«

Mir war bewusst, dass ich als einzelner Berater kaum an die coolen Projekte in den größeren Firmen kommen würde. Also gründete ich ein Unternehmen. Im Laufe der Jahre entwickelte ich einen Mitarbeiter, Paul, zum Geschäftsführer. Er war der »Innenminister« und ich der »Außenminister«. Wir harmonierten sehr gut miteinander. Paul hatte Spaß daran, sich um alles zu kümmern, was im Hintergrund stattfand: Finanzen, HR, Administration. Und ich konnte mich uneingeschränkt um die Akquise sowie die Kundenprojekte kümmern. Wir hatten schöne Projekte und erzielten mit zwölf Mitarbeitern fast zwei Millionen Euro pro Jahr.

Heiko war viele Jahre leidenschaftlich im Vertrieb von Produkten, Dienstleistungen sowie Projekten und anschließend als Vertriebsberater und Trainer tätig. Später gründete er seine eigene Firma und leitete als Vorstand nicht nur erfolgreich die Geschicke des Unternehmens, sondern begleitete als Projektleiter viele Vertriebsentwicklungsprojekte unter anderem bei großen und internationalen Unternehmen.

Neben der klassischen Vertriebsberatung lag der eigentliche Schwerpunkt auf Vertriebstrainings sowie Organisations- und Personalentwicklung. Wir sahen uns nicht als theoretischer »Folienpinsler«, sondern gingen stark in die Umsetzung. Die Kunden setzten vor allem auf unsere Umsetzungskompetenz.

Vor einigen Jahren kam dann Paul zu mir und sagte mir: »Du, ich möchte in Zukunft etwas ganz anderes machen. Ich gehe zurück zu meinem alten Arbeitgeber.« Das hat mich ziemlich getroffen und ich überlegte mir, wie es nun weitergehen sollte.

Ich hatte den Eindruck, einen neuen »Paul« zu finden, würde schwierig werden. Also beschloss ich, allein weiterzumachen. Aber ich merkte schnell: Administration ist überhaupt nicht mein Ding! Nur was blieb mir übrig? Also kniete ich mich hinein. Während meine Mitarbeiter das Wochenende genossen, saß ich bei bestem Wetter im Büro und tat Dinge, die mir keinen Spaß machten. »Ich bin ein Berater, ein Trainer, aber kein Manager«, dachte ich mir immer wieder. Mich nervte auch die Mentalität meiner Mitarbeiter, die nur darauf warteten, dass ich sie mit neuen Projekten versorgte. Gesundheitlich litt ich ebenfalls. Ich merkte, wie ich mich regelrecht krank gearbeitet hatte.

Zwei Jahre später reifte dann in mir der Entschluss, meine Firma zu verkaufen. Aber wer kam als Käufer überhaupt infrage? Ich hatte mich im Freundeskreis umgehört und auch meine Kontakte in einem Verband angesprochen.

Erste Gespräche

Einige Monate später kam es schließlich zu Gesprächen mit zwei anderen Beratungsunternehmen, die sich vor allem gern unsere »Umsetzungskompetenz« eingekauft hätten. Doch es zeigte sich sehr schnell, dass es den Käufern wichtig war, dass ich noch mindestens fünf Jahre dabeiblieb. Aber warum sollte ich dann überhaupt verkaufen? Somit kamen diese Gespräche recht schnell zu einem Ende. Für Finanzinvestoren war meine Firma auch völlig uninteressant. Es gab weder eine große Wachstumsstory noch handelte es sich um einen Sanierungsfall, den man wieder aufpäppeln und dann weiterverkaufen könnte.

Also sprach ich mit einigen meiner Mitarbeiter, ob sie Interesse hätten, die Firma zu übernehmen. Es gab allerdings bei keinem ein Interesse, selbst Geld in die Hand zu nehmen und in das unternehmerische Risiko zu gehen.

Gesundheitlich immer noch angeschlagen, machte ich eine zweiwöchige Ayurveda-Kur auf Madeira. Ich genoss die Ruhe und Abgeschiedenheit und hatte Zeit, über vieles nachzudenken. Schließlich fasste ich einen Entschluss: Ich sperre den Laden einfach zu!

Ich war so deprimiert, niedergeschlagen und auch wütend. Die Firma sollte doch für mich da sein, nicht ich für die Firma. Und allein für meine Mitarbeiter muss ich mir das Ganze auch nicht antun. Eine soziale Verantwortung für meine Angestellten verspürte ich kaum. Also kam ich zurück und informierte meine Mitarbeiter über meinen Entschluss. Und da kam dann doch einer. Thorsten wandte sich an mich und sagte, dass er mein Unternehmen nun doch kaufen wolle.

»Aha«, dachte ich. Wenn der Druck nur groß genug ist, kommt schon einer aus seiner Deckung. Allerdings kannte ich Thorsten recht gut und wusste, dass Vertrieb nicht gerade seine Stärke war. Nur wer sollte die Aufträge reinholen, wenn ich nicht mehr dabei war? Also schlug ich ihm vor, dass er zwei weitere Mitarbeiter ins Boot holen und mit ihnen gemeinsam die Firma leiten sollte. Diese zwei Mitarbeiter fanden wir dann auch recht schnell.

Ich war zu dieser Zeit sehr entspannt. Ich war ja deutlich in meinem Entschluss. Entweder beabsichtigt jemand die Firma weiterzuführen und kauft sie mir ab oder ich schließe sie einfach.

Der Deal

Der Deal sah wie folgt aus: Ich verkaufe mein Unternehmen an Thorsten und behalte meine Assistentin und ein paar ausgewählte Kunden. Alle anderen Kunden, die Marke, die IP (*Intellectual Property*), die Mitarbeiter etc. würde Thorsten übernehmen. Er zahlte mir ein Viertel des vereinbarten Kaufpreises sofort, die restlichen drei Viertel waren quasi ein Earn Out und abhängig von der zukünftigen Umsatzentwicklung.

Der Vertrag war unter Dach und Fach, das erste Viertel war auf meinem Konto eingegangen und das neue »Dreigestirn« nahm seine Arbeit auf. Die anderen zwei waren übrigens nicht am Unternehmen beteiligt und hatten sich auch nicht mit eigenem Geld eingekauft. Und so kam es bereits nach sechs Wochen zum großen Zerwürfnis zwischen den dreien. Die zwei verließen das Unternehmen und Thorsten führte das Unternehmen ab diesem Zeitpunkt allein.

Die Zeit danach

Allerdings ging das nicht lange gut. Er verlor sehr schnell die größten Kunden und zeigte in der Akquise und Kundenbindung wenig Interesse. Als unser größter Kunde eine Ausschreibung für ein internationales Projekt (Volumen 200.000 Euro p. a.) herausgab, bemühte sich Thorsten noch nicht einmal, persönlich beim Kunden vorstellig zu werden. Es kam, wie es kommen musste. Die Firma verlor den Deal, dann weitere Deals und schlussendlich massiv an Umsatz.

Auch mit Folgen für meinen Earn Out. Und das ärgerte mich natürlich. Wie konnte man sich nur so leichtfertig solche Aufträge durch die Lappen gehen lassen? Doch dann besann ich mich wieder meiner ursprünglichen Entscheidung. Denn hätte ich einfach zugesperrt, hätte ich keinen einzigen Euro bekommen. Am Ende des Tages hätte ich dann nicht einmal 50 Prozent des ursprünglich vereinbarten Verkaufspreises erhalten.

Mein Fazit

Den Verkauf habe ich nie bereut. Wenn ich es noch einmal machen könnte, würde ich mich jedoch in Bezug auf den schlussendlichen Kaufpreis nicht mehr für mehrere Jahre von der zukünftigen Entwicklung des Unternehmens abhängig machen. Allein die mehrjährige Bindung beinhaltet viel Konfliktpotenzial. Wie ich aus vielen Gesprächen weiß, gelingt es nur wenigen Beratern, ihre Firma am Ende tatsächlich zu verkaufen. Ich kann mich also glücklich schätzen.

Heute fokussiere ich mich auf meine »Ein-Mann-Firma«, d. h. ich werde von Unternehmen als Verhandlungstrainer und -Coach gebucht. Ich habe nur noch eine freie Assistentin und keine eigenen Mitarbeiter mehr. Inzwischen bin ich 57 Jahre alt und komme auf rund 100 verrechenbare Trainertage. Damit bin ich sehr zufrieden und kann mir vorstellen, das auch noch viele Jahre weiterzumachen.

Was ich heute vermisse? Zum einen den Austausch mit meinen Mitarbeitern. Vor allem an unseren Strategietagen empfand ich die Gespräche auf Augenhöhe immer wieder inspirierend. Das fehlt mir heute schon ein wenig. Außerdem habe ich früher viele Leute zu Beratern und Trainern ausgebildet. Das hat mir viel Spaß gemacht und ich könnte mir vorstellen, das auch wieder zu machen. Gelegentlich bin ich zudem Dozent an mehreren Hochschulen, was dem etwas nahekommt.

Meine Learnings

1. Lieber einen tieferen Verkaufspreis erzielen, als noch einige Jahre auf einen *Earn Out* zu hoffen, den ich selbst nicht mehr beeinflussen kann.
2. Hören Sie auf Ihr Herz. Wenn Sie merken, dass der Zeitpunkt des Ausstiegs da ist, machen Sie es – vor allem, wenn die Situation Sie krank macht.
3. »Was muss ich verändern, damit es meiner Firma gut geht?« ist die falsche Frage. Richtig ist: »Wie kann ich meine Firma verändern, damit es mir gut geht?«

Erfahrungsbericht von Karin – Dienstleistungssektor

Zum Zeitpunkt des Verkaufs: Alter 54
Mitarbeiter: 50
Umsatz: > 15 Millionen Euro

»Ich war es gewohnt, pragmatisch zu arbeiten. Das war im neuen Set-up nicht mehr möglich.«

Ich hatte mir selbst einen Starttermin gesetzt, ab wann ich aktiv das Thema *Nachfolgeplanung* angehe. Es sollte mein 55. Geburtstag sein. Dann aber kam eine Kaufanfrage ein paar Monate früher.

Mein eigentlicher Plan war, den Verkauf mithilfe eines externen M&A-Beraters vorzubereiten. Es hätte einen Verkaufsprospekt gegeben und der Berater hätte den Markt sondiert. Es war mir ein großes Anliegen, dass die gewählte Nachfolgeregelung sowohl meinen Mitarbeitern als auch unseren Kunden eine gute Perspektive bot.

Mein Unternehmen hatte damals rund 50 Mitarbeiter. Dies beinhaltete Projekt- und wiederkehrendes Servicegeschäft. Das Unternehmen war wirtschaftlich erfolgreich und hatte gute Wachstumsaussichten, vor allem auch dank einer erfolgreichen Nischenpositionierung. Die Suche nach der passenden Nachfolgeregelung war nicht dringend, mir aber wichtig.

Dann kam es jedoch anders. Die Kontaktaufnahme durch einen externen M&A-Berater im Namen eines interessierten Käufers griff meinem Zeitplan etwas vor. Nach den ersten Gesprächen mit dem Berater und aufgrund der erhaltenen Informationen war ich zum Schluss gekommen, dass eine Vertiefung der Gespräche im Sinne beider Unternehmen liegen könnte. Ich dachte mir, man kann sich ja mal anhören, was die Interessenten zu sagen haben.

Vieles sprach für diesen Käufer

Es gab mehrere Gründe, warum ich auf das Fortführen der Gespräche einging. Erstens war es eine inländische Lösung – viele unserer Kunden würden dies sicher als Bedingung für eine Fortsetzung der Mandate sehen. Zweitens schien sowohl die Firmengröße als auch die Firmenkultur passend zu sein. Es wurde mir aufgezeigt, welche interessanten Entwicklungsperspektiven sich für meine Mitarbeiter innerhalb eines konsolidierten Firmengebildes ergeben könnten. Und drittens sah ich die Portfolio-Synergien. Der Käufer bot Leistungen an, welche wir unseren Kunden nicht anbieten konnten. Hier lag ein großes Wertschöpfungspotenzial. Umgekehrt verfügten wir über Kompetenzen, die einen Mehrwert für die Kunden des Käufers darstellen könnten.

Es kam also zu einem weiteren Meeting, nun auch mit dem CEO der interessierten Firma. Die Chemie war von Anfang an da und die Firma erweckte den Eindruck, als würde sie gut zu uns passen. Es wäre der richtige Schritt, um wachsen zu können. Denn in der Vergangenheit hatten wir immer wieder gemerkt, dass wir bei gewissen Deals einfach nicht mitbieten konnten, weil wir zu klein waren oder nicht die breite Palette anbieten konnten, die der Kunde von uns erwartete. Mit jedem weiteren Gespräch bekam ich das Gefühl, dass dies ein guter Käufer und ein passender Partner für mein Unternehmen war.

Neben all den Gedanken, was aus meinen Mitarbeitern und den Kunden werden würde, hatte ich natürlich auch den Kaufpreis im Hinterkopf: Ich hatte mit mir ausgemacht, dass ich entweder einen Mindestverkaufspreis erzielen könnte und dann verkaufen würde. Oder der Verkaufserlös läge unter meiner Schmerzgrenze. In diesem Fall hätte ich meinen ursprünglichen Plan weiterverfolgt, den Verkauf nämlich selbst aktiv anzugehen. Wie ich auf meinen Mindestverkaufspreis gekommen bin? Bauchgefühl! Zwar habe ich dann später mit meinem Treuhänder verschiedene Bewertungsansätze zur Errechnung des Unternehmenswertes herangezogen, aber das bestimmte für mich nicht die Untergrenze.

Einige Monate später bekam ich dann ein Non-Binding Offer. Es lag also zum ersten Mal offiziell ein Betrag auf dem Tisch. Der Betrag lag erfreulicherweise über meiner Schmerzgrenze, also akzeptierte ich das Angebot.

Es begann die Phase der Due Diligence. Ich hatte schon im Vorfeld viele Fragen der M&A-Berater beantwortet und vor allem Finanzinformationen geliefert. Zu meinem Glück hatten wir die Buchhaltung ausgelagert, sodass ich unseren Treuhänder in die Thematik einweihen konnte. Er half mir, wo er konnte, aber viele gewünschte Informationen hatten wir schlichtweg nicht. Wir waren eine Firma mit 50 Mitarbeitern. Vieles haben wir pragmatisch gehandhabt.

Die Fragen nahmen kein Ende

Hinzu kamen die ganzen Fragen der Anwälte. Angefangen bei den Fragen zu den Eigentumsverhältnissen und die Nachweise dafür: »Welche physischen Aktien gibt es?«, »Wem gehören sie heute? Ist dies auf den Zertifikaten vermerkt?«, »Wenn es Wechsel im Aktionariat gab, in welchen Protokollen ist das ersichtlich?«, »Führen Sie ein Aktienbuch?« Dazu die zahllosen Fragen zu Verträgen: Kundenverträge, Mietverträge, Lieferantenverträge, Mitarbeiterverträge … es nahm kein Ende.

Auch nicht zu vergessen die Fragen zu allen Personalangelegenheiten: »Wie ist die Alters- und Lohnstruktur Ihrer Angestellten?«, »Ausbildungsstand?«, »Fluktuationen?«, »Wie ist die Pensionskasse ausgestattet?«, »Krankheitsfälle?«, »Schlüsselmitarbeiter?«, »Andere besondere Vorkommnisse?«

Und das Business wollte natürlich auch im Detail wissen, wie wir arbeiten: »Welche Prozesse habt ihr?«, »Welche Standards und welche kundenspezifischen Lösungen habt ihr?«, »Wie seid ihr organisiert?«, »Welchen Ausbildungsstand haben die Mitarbeiter?«, »Welche Zertifizierungen habt ihr?«, »Habt ihr Kundenabgänge zu verzeichnen? Wenn ja, warum?«

Sie müssen nicht meinen, dass die Fragen alle auf einmal gekommen wären. Es kam alles scheibchenweise. Ich glaube, die auf der Käuferseite haben selbst noch nicht so recht gewusst, was ihnen wichtig war und was sie fragen sollten.

Verunsicherung bei Mitarbeitern und Kunden wollte ich auf jeden Fall vermeiden

Mein Problem war, dass ich ja nur mit einem ganz kleinen Personenkreis darüber sprechen konnte, was die Informationsbeschaffung sehr mühsam machte. Natürlich haben wir versucht, uns die Arbeit innerhalb der Geschäftsleitung aufzuteilen. Aber an viele Details kamen wir alle nicht ran. Das war schon frustrierend und ermüdend. Meine größte Sorge bestand durchgehend darin, dass die Mitarbeiter oder Kunden etwas mitbekommen könnten. Das wäre meiner Meinung nach gar nicht gut gewesen und hätte sicher zu großer Verunsicherung in der Belegschaft geführt.

Das Ausklingen der Due Diligence verlief parallel mit dem Start der Vertragsverhandlungen. Der Käufer legte den ersten Entwurf des Kaufvertrages vor. Ich hatte keinen M&A-Spezial-

anwalt an meiner Seite, aber einen Anwalt, der mich kannte und auch schon M&A-Deals begleitet hatte. Wir empfanden schon den ersten Vertragsentwurf als sehr fair und ausgeglichen formuliert. Deshalb sind wir auch recht schnell zu einer Einigung gekommen.

Die Tage des Signing und Closing waren zwar sehr emotional für mich, aber objektiv betrachtet recht unspektakulär.

Einen Tag nach dem Closing informierte ich unsere Mitarbeiter. Die Einladung für das Meeting war schon lang draußen. Wir haben uns ohnehin einmal im Quartal getroffen, ich habe normalerweise über den aktuellen Geschäftsgang informiert und danach gab es immer Apéro. Also war diese Einladung für die Leute nichts Ungewöhnliches.

Ungewöhnlich war mehr, dass dieses Mal vier fremde Personen mit im Raum saßen, nämlich die gesamte Geschäftsleitung der Käufer. Ich war sehr nervös, meinen Mitarbeitern die Botschaft des Verkaufs zu übermitteln, und habe dann auch nicht lang um den heißen Brei geredet. Ich habe dabei in sehr erstaunte Gesichter geschaut. Sie hatten wirklich nichts davon mitbekommen.

Nach meinen Worten stellte sich die GL der Käufer kurz vor. Der CEO nannte seine Beweggründe, warum die beiden Firmen so gut zusammenpassen würden. Dies entsprach auch meiner innersten Überzeugung.

Die neue Organisation sah so aus, dass unsere Firma vollständig in die neue integriert werden würde. Ich wurde Mitglied in der Geschäftsleitung bei der Muttergesellschaft und leitete einen Bereich, der sich zu Teilen aus meinen alten Leuten und einem Team des Käufers zusammensetzte. Die meisten anderen Mitarbeiter wurden in den größten Geschäftsbereich des Käufers integriert, der auch einem GL-Mitglied unterstand.

Unser Firmenstandort war nicht weit vom Mutterhaus entfernt. Mit dem Auto entsprach das einer Fahrtzeit von einer Stunde. Eigentlich keine Welt, aber es stellte sich heraus, dass selbst so eine relativ kurze Distanz einer guten Integration im Wege stehen kann.

Die Praxis sah ganz anders aus als auf dem Papier
Schon zu Anfang der Zusammenarbeit hatte ich Differenzen mit dem GL-Kollegen, der einen Großteil meiner Mitarbeiter übernommen hatte. Auf dem Papier hatten wir im Vorfeld natürlich geklärt, wer was machen würde, doch die Praxis zeigte sehr schnell, dass sich unsere Bereiche stark überschnitten. Daraus resultierte auch, dass wir ebenfalls über die Zuteilung von Mitarbeitern diskutierten.

Das alles war ich so nicht gewohnt. Bisher hatten wir sehr pragmatisch gearbeitet, die Aufgabenverteilung war unseren Mitarbeitern klar und alle waren zufrieden. Gerade in dieser neuen ungewissen Zeit wäre es so wichtig gewesen, nah bei den Leuten zu sein. Ich war noch oft in meinem alten Büro und hätte sicherlich noch mehr Gespräche mit meinen nun nicht mehr mir unterstellten Leuten führen können. Aber mein Kollege goutierte das leider gar nicht. Ich solle mich nicht in seine Angelegenheiten einmischen. Er regele das selbst. Nur konnte ich das so keinem mitteilen. Und so wirkte es nach außen, als würde ich die mir völlig zurecht zugeschriebenen Möglichkeiten der Integration überhaupt nicht wahrnehmen. Die Wahrheit war jedoch eine andere.

Auch vom CEO bekam ich wenig Unterstützung, um diesen Twist aufzulösen. Und so kamen in mir zwei gegenläufige Gefühle auf: Auf der einen Seite wollte ich es wirklich gut machen und mit meinem Bereich erfolgreich sein. Auf der anderen Seite war ich völlig ernüchtert von den schwerfälligen Prozessen und Entscheidungswegen bei unserem neuen Eigentümer. Das alles frustrierte mich sehr.

Es gingen Monate ins Land und in mir reifte die Erkenntnis, dass ich meine vertragliche Verpflichtung, insgesamt drei Jahre nach dem Verkauf noch im neuen Konstrukt tätig zu sein, nicht einhalten wollte. Zu sehr zehrte die Situation an mir. Deshalb traf ich zwölf Monate nach Abschluss des Deals eine Vereinbarung mit dem CEO, sodass ich frühzeitig meinen Arbeitsvertrag auflösen konnte.

Meine Learnings

1. Machen Sie sich im Vorfeld mehr Gedanken über die Zeit nach dem Verkauf, welche Situationen auf Sie zukommen können, wenn Sie im Unternehmen bleiben.
2. Kämpfen Sie in der PMI stärker für Ihre Überzeugungen.
3. Merken Sie zum richtigen Zeitpunkt, wenn Sie die Situation kaputt macht und springen Sie dann ab.

Erfahrungsbericht von Erwin – Immobilien-Branche

Zum Zeitpunkt des Verkaufs: Alter 55
Mitarbeiter: 200
Umsatz: unbekannt

»Nachdem ich über 20 Jahre lang 14-17 Stunden am Tag gearbeitet hatte, war ich komplett ausgebrannt. Das hatte mich krank gemacht und ich wusste, nun musst du etwas verändern in deinem Leben.«

Erwin hatte über die Zeit einen Verbund von Firmen geschaffen, der sich hauptsächlich auf den Kauf und das Erstellen sowie den Betrieb und Unterhalt von Liegenschaften spezialisierte. Die Grundlage legte Erwin mit der Gründung einer Einzelfirma, welche er einige Jahre später in eine AG umwandelte. Zwölf Jahre darauf verkaufte Erwin sein Unternehmen an eine international tätige Gruppe, die in der gleichen Branche tätig war.

Ich wollte eine nachhaltige Lösung

Bereits fünf Jahre vor dem eigentlichen Verkauf kamen erste Interessenten auf mich zu, die mein Unternehmen kaufen wollten. Es waren durchweg große internationale Konzerne, denen es nicht unbemerkt blieb, wie erfolgreich wir unser Geschäft betrieben. Ich war mittlerweile mit meinem Unternehmen Marktführer in der Schweiz. Ich habe mich damals mit diesen Interessenten zu Gesprächen getroffen, doch sehr schnell merkte ich, dass es nicht passte. Die Vorstellungen gingen zu sehr auseinander. Mir war es wichtig, dass ich eine nachhaltige Lösung für mein Unternehmen fand. Das bedeutete für mich, dass die Kultur meines Unternehmens beibehalten werden sollte und die Kundenbetreuung in gleichen Maßen weiterging. Denn sonst hatte ich die Befürchtung, dass mein aufgebautes Unternehmen so nicht mehr lange leben würde. Doch die Interessenten hatten andere Pläne. Sie wollten vor allem mein Know-how einkaufen und es in ihren Konzernen einsetzen. Mein Unternehmen wäre sehr schnell in den Konzern integriert worden und bis zur Unkenntlichkeit verschwunden.

Ein Jahr vor dem Verkauf ging ich das Thema *Verkauf* dann proaktiv an. Meine Kinder waren damals noch viel zu jung, um das Unternehmen übernehmen und führen zu können. Also brauchte es eine externe Lösung.

Ich beauftragte einen *Broker*. Seine einzige Aufgabe war es, potenzielle Interessenten für mein Unternehmen zu finden. Es war also kein klassischer M&A-Berater, der mich noch weiter in dem Prozess begleitet hätte. Dieser brachte mir dann drei Interessenten und schnell wurde klar, dass nur einer davon infrage kommen würde, nämlich ein international tätiger Konzern (u. a. mit Schweizer Ländergesellschaft) im Bereich *Facility-Management*. Ich hatte gleich einen guten Draht zum damaligen CEO und CFO der Schweizer Ländergesellschaft und wir führten hervorragende Gespräche. Auch die folgenden Besprechungen fanden im Übrigen immer nur zwischen uns dreien statt, niemand anderes war involviert.

Due Diligence

Wir begannen gleich mit der Due Diligence. Es gab im Vorfeld keine Absichtserklärung oder eine unverbindliche Offerte, in der man schon mal einige Eckpfeiler des Deals inkl. einem indikativen Preis festgelegt hätte. Das war auch nicht in meinem Sinne. Schließlich wollte ich zuerst meine Bücher offenlegen, sodass sich der Interessent ein umfassendes Bild machen und mir dann ein verbindliches Kaufangebot unterbreiten konnte. Zwei Wochen lang kamen vier Revisoren in meine Büroräumlichkeiten, die sich alles genau angeschauten. Aufkommende Fragen habe ich meistens schon am selben Tag beantworten können. Mein Kader war übrigens über meine Verkaufspläne eingeweiht und andere Mitarbeiter gab es nicht im Büro, sodass ich zum einen nicht das Problem der Geheimhaltung hatte und zum anderen bei Bedarf auf meinen Kader zurückgreifen konnte, wenn ich selbst eine Frage nicht beantworten konnte. Nach diesen zwei Wochen war die Due Diligence auch komplett abgeschlossen. Es gab keine weiteren Rückfragen mehr.

Verhandlung Teil 1: Es scheiterte an der Risikobetrachtung
Nachdem man alle Informationen analysiert hatte, kamen sie mit ihrem Angebot. Und erfreulich war, dass sie mit einem Kaufpreisangebot kamen, dass genau dort lag, wo ich es mir vorgestellt hatte. Meine eigene Preisvorstellung hatte ich im Vorfeld sehr einfach ermittelt. Da ich in der Vergangenheit gute und stabile EBIT-Margen erzielte, hielt ich einen Preis im Rahmen eines Jahresumsatzes für realistisch. Der Betrag passte also. Aber bei der Risikobeurteilung und den damit verbundenen Gewährleistungsvorstellungen bzw. konkreten Abzügen vom Kaufpreis gingen unsere Sichtweisen stark auseinander. Ich machte klar, dass die genannten Risiken nicht real sind und ich etwaige Abzüge vom Kaufpreis nicht akzeptieren würde. Der potenzielle Käufer bestand jedoch auf seine Sichtweise. Und so scheiterten dann schlussendlich die Verhandlungen auf der Zielgeraden. Ich stand nun ohne Käufer da. Außerdem hatte

ich keinen weiteren Interessenten in der Hinterhand. Also sagte ich mir, dass es nicht schlimm sei und ich mein Unternehmen einfach weiterführen würde.

Verhandlung Teil 2: Jetzt lief alles glatt

Doch sechs Monate später kam genau dieser Interessent wieder auf mich zu. Sie waren nun bereit, auf meine Bedingungen einzugehen. Und ich war weiterhin offen, mein Geschäft zu verkaufen. Die Verhandlungen gingen bis zum Signing noch für rund drei Monate. Zu diesem Zeitpunkt hatte ich dann auch einen Anwalt beigezogen. Er war es auch, der den ersten Vertragsentwurf aufgesetzt hatte. Der Deal sah vor, dass mir 100 Prozent des Kaufpreises zum Zeitpunkt des Closings gezahlt werden würden. Der Vertrag sah einige Gewährleistungsklauseln vor, die mich bei Eintritt eines Schadensereignisses (z. B. eine Steuernachzahlung) zu einer gewissen Rückzahlung verpflichtet hätten. Doch keines dieser potenziellen Risiken ist jemals eingetreten. Des Weiteren war vereinbart, dass ich noch 18 Monate im Unternehmen verbleibe. Das Unternehmen würde genauso von mir weitergeführt werden wie vorher. Einzig die Buchhaltung wurde sehr zügig beim Käufer integriert. Meine Buchhalter waren aber weiterhin alleinverantwortlich für die Zahlen meines Unternehmens. Meine einzige zusätzliche Aufgabe bestand darin, einen Nachfolger für mich zu finden und einzuarbeiten.

Die Kommunikation

Mir war klar, dass ich die Kommunikation des Verkaufs gut planen musste, um sowohl meine Mitarbeiter als auch meine Kunden bestmöglich abzuholen und mitzunehmen. Und so lud ich alle meine Mitarbeiter in unser Büro ein und verkündete den abgeschlossenen Deal. Dabei ging ich auch auf meine Gründe für den Verkauf ein und teilte ihnen mit, dass ich noch 18 Monate in gleicher Funktion an Bord sein werde. Auch der CEO und CFO der Schweizer Ländergesellschaft des Käufers stellten sich kurz vor und erläuterten ihre Gründe für den Kauf und wie die nächsten Schritte aussehen würden.

Meine Mitarbeiter nahmen diese News durchweg positiv auf. Auch in den folgenden Tagen hatte ich kaum noch Gespräche darüber mit meinen Leuten. Es hat auch danach keiner das Unternehmen verlassen.

Bei meinen Kunden sah das schon anders aus. Hier gab es eine große Verunsicherung. Schließlich hatten sich meine Kunden explizit für meine mittelständische Firma und mich entschieden und wollten eben nicht eine kleine Nummer in einem unpersönlichen Konzern sein. Doch konnte ich in vielen Gesprächen meine Kunde beruhigen, da ich ja noch einige Zeit am Steuer war.

Meine Zeit nach dem Verkauf

Ich arbeitete weiter wie bisher, nur war ich nicht mehr der Herr in meinem eigenen Haus. Ich war zu keinem Zeitpunkt in Konzerntätigkeiten eingebunden. Ich musste einzig meine Zahlen »nach oben« rapportieren. Aber da diese weiterhin gut waren und ich meine Ziele übertraf, stellte das auch alles kein Problem für mich dar.

Auch meinen Nachfolger fand ich schon bald. Er kam aus einem anderen Konzern und konnte sich daher sehr schnell in die Philosophie des Käufers einarbeiten. Ich stieg nun also planmäßig nach den 18 Monaten aus und übergab das Zepter an meinen Nachfolger.

Doch nach meinem Abgang stellte sich leider sehr schnell heraus, dass mein Nachfolger die Leitung überhaupt nicht im Griff hatte. Er lehnte sich immer mehr an den Konzern an und passte viele Abläufe im Unternehmen und in der Beziehung zu den Kunden an. Eine große Unzufriedenheit machte sich breit. Sowohl Kunden als auch Mitarbeiter sprangen massenweise ab. Mein altes Geschäft war innerhalb von zwölf Monaten heruntergewirtschaftet!

Noch mal zurück in die Leitung?

Mein Nachfolger musste gehen und ich wurde vom CEO der Schweizer Ländergesellschaft angefragt, ob ich mir nicht vorstellen könne, nochmals für zwei Jahre zurückzukommen. Ich selbst hatte in den Monaten nach meinem Ausscheiden die freie Zeit genossen. Ich bin viel gereist, baute mein eigenes kleines Geschäft auf und ließ es mir gut gehen. Und nun diese Anfrage. Nochmals die Leitung meines alten Geschäftes übernehmen?

Mittlerweile verband uns ein freundschaftliches Verhältnis. Ich fühlte mich moralisch verpflichtet, zu helfen. Also ging ich zurück. Doch leider erkannte ich meinen eigenen Laden überhaupt nicht mehr wieder. Es schmerzte enorm zu sehen, wie mein Lebenswerk innerhalb so kurzer Zeit vernichtet worden war. Ich versuchte zu retten, was noch zu retten war, doch nach einem Jahr war ich schon wieder komplett ausgebrannt. Also ging ich zum CEO und teilte ihm mit, dass es so nicht mehr gehe. Wir erstellten den Plan, das Unternehmen nun doch vollständig in den Konzern zu integrieren. In Zusammenarbeit mit einer sehr guten Kollegin aus dem Konzern haben wir dann diese Integration innerhalb von vier Monaten durchgezogen. Ich war heilfroh, als es erledigt war und ich wieder komplett aussteigen konnte.

Auch heute bin ich noch umtriebig und nutze Chancen am Markt, die sich mir bieten. Außerdem besitze ich meine eigene kleine Immobilienverwaltung. Ich habe acht Mitarbeiter. Meine Tochter ist mittlerweile so alt, dass sie in diesem Unternehmen aktiv mitarbeitet. Vielleicht wird sie ja eines Tages mal dieses Geschäft übernehmen.

Meine Learnings:

1. Bleiben Sie in den Vertragsverhandlungen Ihren Prinzipien treu und scheuen Sie nicht davor zurück, auch gegebenenfalls im letzten Moment noch einen Rückzieher zu machen.
2. Wenn Sie sich einmal für den Verkauf entschieden haben und dann draußen sind, bleiben Sie draußen und gehen Sie nicht mehr zurück.
3. Auch wenn Sie sie jetzt noch nicht sehen, ergeben sich immer wieder neue Gelegenheiten.

Erfahrungsbericht von Stefan – Beratung

Zum Zeitpunkt des Verkaufs: Alter 50
Mitarbeiter: 60
Umsatz: > 10 Millionen CHF

»Der Verkauf an einen ausländischen Konzern birgt immer wieder neue kulturelle Überraschungen.«

Wir waren sechs Aktionäre. Ich selbst war der CEO. Neben mir gab es ein weiteres Geschäftsleitungsmitglied, welches Aktien hielt. Ferner gab es zwei Aktionäre, die nie operativ tätig waren, darunter auch der Verwaltungsratspräsident (VRP), der rund 25 Prozent der Aktien hielt. Die restlichen zwei Aktionäre waren ehemalige Mitarbeiter, die ein paar Jahre vorher ausgeschieden waren, aber ihr Aktienpaket behalten hatten.

Stefan war schon seit seinem Berufsstart im Projektumfeld tätig. Erst im Banken- und Internetumfeld, dann selbstständig als Projektleiter im E-Business. Danach startete er bei der *Ypsilon AG*, wo er zunächst als Partner in leitender Funktion arbeitete und acht Jahre später zum CEO berufen wurde.

Unser Unternehmen war mittlerweile zehn Jahre alt und wir hatten früh auf das »richtige Pferd« gesetzt. Wir waren ein IT-Unternehmen mit rund 60 Mitarbeitern, das sich auf die Implementierung, auf Projekte und die Beratung für eine bestimmte IT-Software spezialisiert hatte. Wir waren das, was man heute

Boutique-Beratung nennen würde. Das Marktumfeld war gut, da es in der DACH-Region immer noch mehr Nachfrage als Angebot gab.

Doch eins bereitete uns Kopfschmerzen. Wir hatten seit einigen Jahren drei neue Mitarbeiter, die sich dafür qualifizierten, auch Aktionär an unserer Firma zu werden. Die Frage war, wie wir das genau ausgestalten sollten. Was sollte denn der »richtige« heutige Wert dieser Aktien sein? Denn es war nicht die Idee, neue Aktien gratis abzugeben. Dies hätte die Anteile der aktuellen Aktionäre verwässert.

Durch frühere Interessenten an unserer Firma hatten wir eine grobe Indikation, was unser Unternehmen und damit auch unsere Aktien wert sein könnten. Es war schnell klar, dass es bei diesem Preis für die drei unerschwinglich war, sich namhaft am Unternehmen zu beteiligen. Außerdem gab es unterschiedliche Ansichten darüber, welchen Beitrag die drei zur Unternehmenswertsteigerung durch ihre bisherige Tätigkeit geleistet hatten. Denn schließlich hatten sie ja auch kein Risiko getragen in dieser Zeit.

Nach einigen Diskussionen waren wir uns im Aktionariat einig, das Thema durch den Verkauf des Unternehmens zu regeln. Damit die drei Neuen von einem Verkauf profitieren konnten, hatten wir ihnen einen außerordentlichen Bonus bezahlt, mit dem sie sich nun adäquat einkaufen konnten.

Der Auswahlprozess

Wir hatten kurzfristig und eher zufällig einen M&A-Berater aus England gefunden, der uns bei der Transaktion unterstützen sollte. Unser Ziel war es, zum Zeitpunkt einer für uns wichtigen internationalen Messe erste Gespräche führen zu können. Die Messe war bereits in drei Monaten. Bis dahin erarbeiteten wir mit den Beratern einen Teaser, ein Information Memorandum und eine Longlist mit 100 potenziellen Käufern.

Das IM war 80 Folien dick. Es war aus meiner Sicht sehr aufgeblasen, eigentlich hätten drei Folien komplett gereicht, um unser Business und unsere bisherige Entwicklung nachvollziehen zu können.

Unser M&A-Berater hatte es geschafft, noch vor der Messe alle Unternehmen auf unserer Longlist zu kontaktieren und so konnten wir auf der Messe tatsächlich fünf erste informelle Gespräche führen. Insgesamt hatten wir später mit insgesamt 15 potenziellen Käufern erste Gespräche. Die Interessenten reichten von mittelständischen Mitbewerbern bis hin zu den großen internationalen Playern im Beratungs- und IT-Outsourcing Geschäft. Die Gespräche wurden mehrheitlich von mir, aber auch zusätzlich mit unserem VRP und zwei weiteren GL-Mitgliedern geführt.

Wir hatten nur einen Schuss und der musste sitzen

Für den VRP, der sich in all der Zeit nie für operative oder strategische Themen interessiert hatte, war schnell klar, dass der Verkauf nun durchgezogen wird. Für ihn gab es keinen Plan B. Wir hatten genau diesen einen Schuss und der musste sitzen. Ein Scheitern des Verkaufs war inakzeptabel. Für mich als CEO bedeutete das nochmals zusätzlichen Druck, in dieser Angelegenheit erfolgreich zu sein.

Für uns Aktionäre waren zwei Punkte bei der Wahl des Käufers wichtig: Zum einen sollte er zu uns passen. Zum anderen musste die Deal-Struktur passen. Um uns neun Aktionäre auf einen Nenner zu bekommen, brauchte es eine erhebliche Cash-Auszahlung zum Zeitpunkt des Closings sowie einen geringen und wenig variablen Earn Out.

Nach der Sondierungsphase und dem Eintreffen der Non-Binding Offers sind wir mit drei Kandidaten in eine *Preliminary Due Diligence* gegangen. In dieser Phase haben wir noch nicht alle vertraulichen Informationen offengelegt. Auch war uns bewusst, dass sicherlich einer der drei Kandidaten nicht bei allen Aktionären als Käufer durchgehen würde.

Drei Kandidaten – welchen wählen?

Kandidat 1 war ein amerikanisches Unternehmen mit einem großen Bereich in Indien. Er wirkte auf uns wie ein Moloch, in dem wir höchstwahrscheinlich komplett untergehen würden.

Kandidat 2 war ein deutsches Unternehmen, das sich aber in all den Diskussionen zur Deal-Struktur extrem kompliziert angestellt hatte. Also schied der Kandidat ebenfalls aus.

Somit haben wir mit Kandidat 3 weitergemacht. Ein indisches Unternehmen, das rund 80 Prozent des Umsatzes in den USA erzielte und in Europa noch gar nicht vertreten war. Auch wenn die indische Kultur für uns in den ersten Gesprächen gewöhnungsbedürftig war, fühlten wir uns von Anfang an gut aufgehoben. Man zeigte echtes Interesse an uns.

Und so kam es, dass wir zu viert nach Indien gereist sind, um über den Deal und die zukünftige Organisation zu sprechen. Auch ein Vertreter aus den USA kam eingeflogen. Er machte uns aber gleich klar, dass er eigentlich gar nicht viel Zeit hätte, um mit uns zu sprechen. Wir waren verwundert, war er doch unser wichtigster Ansprechpartner. Wofür reisen wir den weiten Weg hierher, wenn er keine Zeit für uns hat? Haben wir da tatsächlich den besten Kandidaten für uns ausgewählt? Zweifel kamen in uns auf, ob wir den Deal so noch wollten oder ob wir alles abbrechen sollten. Es zeigte sich dann jedoch, dass unser

Ansprechpartner in den zwei Tagen, in denen wir dort waren, an allen Gesprächen teilnehmen sollte.

Bei den Vorstellungen zur Organisationsstruktur lagen wir zunächst sehr weit auseinander. Was wir sehr geschätzt haben, war die Tatsache, dass unsere indischen Gesprächspartner uns zugehört haben. Und so kam es, dass wir sie von unseren Vorstellungen überzeugen konnten. Das wäre nach meiner Einschätzung in Verhandlungen nur mit den Amerikanern sicherlich nicht so gelaufen.

Was wir auch gelernt haben: Egal, ob Sie mit indischen Geschäftspartnern ein Meeting für vier Stunden oder vier Tage angesetzt haben, Sie werden immer erst auf dem letzten Drücker zu einer Lösung oder Abschluss kommen. Ein interessanter Aspekt, der uns vorher nicht so bewusst war. Denn mit anderen Kulturen hatten wir in unserem bisherigen Geschäftsleben wenig zu tun gehabt.

Der Deal wurde schließlich fünf Monate später geschlossen. Doch bis dahin gab es noch eine Menge zu tun. Und das führte bei mir auch zu schlaflosen Nächten.

Due Diligence

Die Due Diligence war sehr intensiv für mich. Ich hatte zwar Unterstützung: Unsere M&A-Berater haben viele Informationen aufbereitet und plausibilisiert, bevor wir sie weitergegeben haben. Unser externer Buchhalter war eingeweiht und konnte die Finanzinformationen liefern. Und zusätzlich konnten wir unseren ehemaligen Leiter der Administration als externe Unterstützung gewinnen, der mit seinem Wissen sehr nützlich für uns war.

Doch der größte Druck lastete auf mir. Wochenlang werden Sie mit Fragen bombardiert. Viele Fragen haben Sie an anderer Stelle schon einige Male beantwortet. Aber auf der anderen Seite sitzen – getrennt voneinander – die Finanzexperten, die Steuerexperten, die Anwälte, ein Compliance Officer, Business Vertreter, M&A-Verantwortliche etc. Dazu kam, dass Aufgaben und Fragen auf der Käuferseite nach unten delegiert wurden. Und diese Mitarbeiter mussten sich nochmals mit zusätzlichen Fragen profilieren. Hinzu kamen Themen wie z. B. Pensionskasse, die man im Ausland nur schwer versteht, vor allem, wenn es dann noch um Bewertungsfragen geht.

In mir kam Frust auf. Wird das jemals enden? Mir machte das Ganze keinen Spaß. Viel lieber wäre ich an der Kundenfront gewesen, denn das »Daily Business« gab es ja trotz des angestrebten Deals immer noch. Auch hatte ich nicht in allen Bereichen des M&A-Prozesses das nötige Know-how, was zusätzlich zu meinem Unbehagen beitrug. Konnte ich die geforderten Informationen wirklich in der benötigten Qualität liefern? Zweifel kamen in mir auf, ob uns am Ende wirklich jemand kaufen würde. Der Druck von unserem VRP war da. Zusätzlich gab es immer wieder Meinungsverschiedenheiten innerhalb unseres Aktionariats, was auch zu Streit führte. Eine schwere Last für mich, da ich doch eher harmoniebedürftig bin.

Vertrag

Parallel zu der Due Diligence war es uns wichtig, schon früh einen ersten Entwurf des SPA (*Share Purchase Agreement* = Kaufvertrag) zu bekommen. Die Käufer hatten sich gut aufgestellt. So wurde eine Schweizer Anwaltskanzlei damit beauftragt, dieses SPA auszuarbeiten. Bis wir es jedoch das erste Mal zu Gesicht bekommen haben, vergingen einige Wochen. Ich vermute, es lag an einem größeren Abstimmungsbedarf zwischen den Anwälten und dem Auftraggeber in Indien.

Wir hatten auf unserer Seite einen renommierten Anwalt, der sich vor allem im IT-Recht auskannte, aber auch schon einige M&A-Transaktionen begleitet hatte. Wir alle waren überrascht über den ersten Vertragsentwurf, war er doch unserer Meinung nach von Anfang an sehr fair formuliert. Später waren wir überdies in der Lage, gewisse Gewährleistungsfristen und Schadenshöhen um 30 bis 50 Prozent herunterzuhandeln.

Kommunikation

Dann rückte endlich der Zeitpunkt für die Vertragsunterzeichnung näher. Wir wussten, dass es separate Termine für das Signing und für das Closing gibt, doch dachten wir immer, dass erst nach dem Closing die Mitarbeiter und Kunden informiert werden. Hier wurden wir eines Besseren belehrt, denn der Käufer als börsennotiertes Unternehmen hatte die Pflicht, bereits zum Zeitpunkt des Signing die Börse über die Transaktion zu informieren. Also mussten wir auch zu diesem Zeitpunkt parat sein.

Wir schusterten in aller Kürze einen Plan zusammen. Das Signing fand freitagvormittags in einer Anwaltskanzlei in Zürich statt. Da wir Standorte in der deutsch- und französischsprachigen Schweiz sowie in Deutschland hatten, flog ich am Mittag nach München, um unsere Mitarbeiter vor Ort und via Videoschaltung über die Transaktion zu informieren. An den anderen Standorten waren zu diesem Zeitpunkt auch andere GL-Mitglieder vor Ort, um später Rede und Antwort stehen zu können.

Die Kommunikation war für die Mitarbeiter überraschend, wenn auch nicht ganz unerwartet. Es war bis zu diesem Zeitpunkt nichts an die Mitarbeiter durchgesickert, doch hatte man in den vorherigen Monaten einige solcher Transaktionen in unserem Markt erlebt. Und so wurde der Deal fast durchgehend positiv bewertet. Da uns die Mitarbeiter schon lange kannten, hatten sie das Vertrauen, dass wir eine gute Lösung gefunden hatten. Wie man heute rückblickend sagen kann, hat das Unternehmen so gut wie keine wichtigen Mitarbeiter seit dem Verkauf verloren.

Post Merger Integration: Alles gut – bis auf die Buchhaltung

In den ersten Monaten gab es quasi keine Post Merger Integration unserer alten Firma in die des Käufers. Man ließ uns so weiterarbeiten wie vorher. Und da wir weiterhin so wachsen konnten wie bisher, war man mit uns als einzigem europäischen Ableger durchaus zufrieden.

Dann aber zog ein indischer Mitarbeiter der Muttergesellschaft in die Schweiz und hatte zum Ziel, die Buchhaltung nach Indien auszulagern. Es kam zu einem totalen Chaos. Aus den Buchhaltungszahlen konnten wir gerade mal den erzielten Umsatz halbwegs ablesen, aber alles andere war dermaßen verwoben und undurchsichtig gebucht, sodass wir keine Chance mehr hatten, irgendwelche Schlüsse aus den Buchhaltungszahlen zu ziehen. Genauso sah es dann auch unsere schweizerische Revisionsgesellschaft. Sie sah sich außerstande, auf dieser Datenbasis eine Revision durchzuführen. Das führte dazu, dass wir das komplette Geschäftsjahr 2018 nochmals nachbuchen mussten. Seitdem war die Auslagerung der Buchhaltung zur indischen Muttergesellschaft kein Thema mehr.

Meine Rolle nach dem Deal

Die ersten Monate nach dem Verkauf unserer Firma waren eine gute Zeit für mich. Wir hatten unser Ziel umsetzen können, die Firma zu verkaufen und alle neun Aktionäre zufrieden aus dem

Deal herauskommen zu lassen. Für keinen der noch operativ tätigen Mitarbeiter bedeutete der Deal, dass wir uns nun zur Ruhe setzen konnten, doch hatte sich jeder von uns durch den Verkauf ein beruhigendes Polster schaffen können.

Natürlich musste ich als CEO nun vermehrt nach Indien zu rapportieren, aber das bewegte sich in einem sehr akzeptablen Rahmen. Nach einem Jahr kam jedoch erster Frust auf. Zum einen waren da Streitereien mit einem GL-Kollegen aufgrund eines neuen Zukaufs in Deutschland. Zum anderen gab es einen neuen CEO bei unserer Muttergesellschaft. War es zuvor ein Inder, mit dem wir den Deal abgeschlossen hatten und mit dem wir vertrauensvoll zusammenarbeiten konnten, so war es nun ein Amerikaner, der sich nicht mehr sonderlich viel darum scherte, was bisher war.

Er kehrte sehr schnell die Firmenkultur auf amerikanische Maßstäbe. Wir wurden zunehmend stärker integriert und hatten selbst immer weniger Einblick in unsere eigenen Zahlen. Auch wurden wir dazu verdonnert, eine andere Tochtergesellschaft bei internen Projekten zu unterstützen. Dies war per se kein Problem. Allerdings gab es noch einen Earn Out, der bald fällig werden sollte und deren Auszahlungshöhe an gewissen Erfolgsparametern hing. Diese Parameter konnten wir aufgrund der internen Projekte nicht erreichen. Bei der Beurteilung des Earn Outs mit dem neuen CEO wurde jedoch nur auf die nackten Zahlen geschaut, ohne dem Sondereinfluss durch die internen Konzernprojekte Rechnung zu tragen.

Die Chemie zwischen diesem Konzern-CEO und mir stimmte überhaupt nicht. Und so entschloss ich mich, ein längeres Sabbatical von ein paar Monaten zu nehmen. In dieser Zeit musste der Konzern-CEO wieder abdanken und so wurde ich gefragt, ob ich nicht erneut eine Rolle im Konzern einnehmen wolle. Man bot mir an, die Führung des *Business Development* in Europa zu übernehmen, was ich dann auch angenommen habe.

Ich bin sehr zufrieden mit dieser Position. Mit meinen 55 Jahren bin ich nun froh, nicht mehr in vorderster Front stehen zu müssen und bringe mich mit großer Motivation in diese neue Aufgabe ein. Den Verkauf meiner Firma habe ich bis heute zu keinem Zeitpunkt bereut.

Meine Learnings

1. Früher oder später kommt in einem solchen Prozess Frust auf, wo man auch gern alles hinschmeißen möchte. Dann dranzubleiben, lohnt sich aber.
2. An eine ausländische Firma aus einem anderen Kulturkreis zu verkaufen, ist eine zusätzliche Herausforderung.
3. Frühzeitiges Abstimmen mit den Verkäufern in Bezug auf die Kommunikation des Deals ist wichtig.

Erfahrungsbericht von Gérald – Gebäudetechnik

Ehemaliger CFO einer Firmengruppe im Bereich Gebäudetechnik, Erfahrung im Kauf und der Post Merger Integration von mehr als 30 KMUs

Im Rahmen der Diversifikationsstrategie des übergeordneten Konzerns wurde entschieden, mittelständische Unternehmen aufzukaufen, um so mit vielen kleinen, lokal verankerten Anbietern in der Schweiz eine Firmengruppe mit einem Dienstleistungsangebot in den Bereichen Elektroinstallation und HLKS (Heizung, Lüftung, Klima, Sanitär) aufzubauen.

Für den anorganischen Aufbau dieser Gruppe arbeiteten wir vor allem mit externen Scouts, die uns passende Unternehmen vorschlagen sollten. Unsere Vorgaben: profitables Unternehmen mit zehn bis 100 Mitarbeitern. Die Inhaber respektive Geschäftsführer sollten in einem Alter sein, in dem sie noch einige Jahre mitarbeiten und nicht sofort in Rente gehen würden.

Erste Gespräche

Mit den Namen zur Hand suchten unsere internen M&A-Spezialisten das erste Gespräch mit den Inhabern. Wir thematisierten unsere Idee sehr schnell, um von einem grundsätzlichen Interesse zu erfahren. Der vorgeschlagene Deal sah vor, dass wir 100 Prozent der Firma kaufen (*Share Deal*) würden, der bisherige Inhaber, der meist auch die Funktion des Geschäftsführers innehatte, aber noch mindestens für drei Jahre im Unternehmen bleiben und sein Geschäft weiterführen würde. Das Unternehmen würde nach außen weiterhin genauso auftreten wie bisher. Die Integration in die Firmengruppe sollte im Hintergrund stattfinden.

Im nächsten Schritt lieferte der Inhaber einige Finanzinformationen an uns (v. a. Abschlüsse der letzten Jahre, wenn vorhanden auch einen Businessplan für die folgenden Jahre). Auf dieser meist rudimentären Basis konnten wir dann einen Preis bestimmen und auch als indikativen Kaufpreis in einem Non-Binding Offer nennen. Mitunter klafften die Preisvorstellungen komplett auseinander und führten schon hier zu einem Abbruch der Gespräche.

Ansonsten ging es weiter mit einer Due-Diligence-Prüfung. Da wir über die Zeit viel Erfahrung mit solchen Deals gewonnen hatten, konnten wir gleich zu Beginn sehr genau sagen, welche Informationen wir für die Prüfung benötigten.

Due Diligence und Vertragsverhandlungen: Wer passt wirklich zu uns?

Die Due Diligence konnte dabei grundsätzlich sehr schnell durchgeführt werden. Teilweise zog sich der weitere Prozess aber auch in die Länge, weil mit der Konkretisierung des Vorhabens auch persönliche Fragen auf den Inhaber zukamen, die er mit sich, seiner Familie oder mit Partnern zu klären hatte. Hier zeigte sich auch, wer sich vorher schon stärker mit dem Thema *Nachfolgeplanung* beschäftigt hatte und wer nicht.

Für uns war nicht nur wichtig, dass wir das Unternehmen zu einem fairen Preis kaufen konnten und der Kaufvertrag unsere Bedürfnisse abdeckte, sondern dass auch der Inhaber respektive der Geschäftsführer als Person zu uns passte. Wir stellten uns also immer wieder die Frage: »Können wir uns vorstellen, mit dieser (oder diesen) Person(en) in den nächsten Jahren zusammenzuarbeiten?« Das Verhalten im ganzen Verkaufsprozess war dafür auch immer sehr aufschlussreich: Gelingt es schnell und transparent, gemeinsame Lösungen und Kompromisse zu finden oder gestaltet sich der Prozess eher schwierig?

Letzteres ging noch nicht einmal immer direkt vom Verkäufer aus. Manchmal war dieser auch nur schlecht beraten, so beispielsweise, wenn er seinen Treuhänder oder seinen Hausanwalt mit ins Boot nahm, die keine Erfahrung mit M&A-Transaktionen besaßen. Dadurch konnte es geschehen, dass falsche Erwartungen bekräftigt und Forderungen gestellt wurden, die inakzeptabel für uns waren.

Um das klar zu sagen: Natürlich hatten wir in der Vertragsausgestaltung eine gewisse Flexibilität, vor allem wenn wir überzeugt waren, dass das Unternehmen gut zu uns passen würde. Wenn wir jedoch kontinuierlich mit neuen Forderungen konfrontiert wurden, zogen wir irgendwann die Reißleine, selbst wenn wir theoretisch kurz vor der Ziellinie standen.

Natürlich ist es vorgekommen, dass ein Inhaber auch nach einem grundsätzlichen Übereinkommen bezüglich Kaufpreis und Vertragsbedingungen abgesprungen ist. Das hatte vor allem emotionale Gründe. Dem Inhaber wurde bewusst, dass er einfach (noch) nicht so weit war, sein Baby abzugeben und zu verkaufen. Das mussten wir dann einfach akzeptieren.

Flexibilität ja, aber in Grenzen

Wo konnten wir flexibel bei den Kaufverträgen sein und wo nicht? Ein typisches und auch emotionales Thema waren z. B. individuelle Firmenwagen für die Geschäftsführer. Unsere Gruppen-Policy ließ grundsätzlich keine individuellen Fahrzeuge zu, die nicht Bestandteil der Flotte waren. Hier ließen wir gelegentlich Ausnahmen zu. Ganz anders war unsere Einstellung z. B. bei Gewährleistungs- und Schadloshaltungen. Wir waren der Meinung, dass der Inhaber für alles geradestehen sollte, was in der Vergangenheit passiert war oder versäumt wurde. Hier gab es keinen Verhandlungsspielraum für uns.

Der Deal sah jeweils vor, dass ein Fünftel des Kaufpreises als Earn Out zurückbehalten wurde. Die Earn-Out-Zahlung erfolgte dann erst nach einigen Jahren. Die Zielerreichung wurde am EBIT gemessen. Das war insofern unproblematisch, da der Inhaber weiterhin Geschäftsführer seines Geschäftes blieb und er selbst die Geschicke und die Entwicklung des Geschäftes in der Hand hatte. Der ehemalige Inhaber erhielt zudem einen Arbeitsvertrag für mindestens drei Jahre, der eine Bonuskomponente von 15 bis 20 Prozent enthielt. Diese war wiederum abhängig von der EBIT-Entwicklung des eigenen Unternehmens, von der EBIT-Entwicklung der Region, in der das Unternehmen mit anderen Unternehmen des Konzerns angesiedelt war, und von individuellen, nicht finanziellen Zielen.

Wie erwähnt, hat es nach außen meist keine sichtbare Integration des Unternehmens in die Firmengruppe gegeben. Im Backoffice sah das anders aus. Dies wurde aber auch flexibel und individuell gehandhabt. Wir unterschieden hier zwischen Tätigkeiten und Aufgaben mit hoher lokaler Interaktion und Kundennähe sowie Aufgaben, die wichtig für die zentrale Steuerbarkeit des Konzerns und/oder der Hebung von Synergien waren.

Klare Aufgabenverteilung und Zentralisierung zur Erfolgssicherung

Folgende Aufgaben wurden innerhalb von zwölf Monaten standardisiert:

Die **Finanzkompetenzen und Compliance-Vorgaben** der Firmengruppe galten ab Tag 1 nach dem Kauf. Das war für die ehemaligen selbstständigen Unternehmer teilweise eine große Umstellung. Denn zuvor waren sie völlig frei, welche Geschenke sie gemacht bzw. auch angenommen hatten. Auch war die Trennung zwischen privaten und firmenrelevanten Ausgaben in gewissen Fällen wenig transparent. Dies ging nun nicht mehr.

Reporting- und Abschlusszyklen waren bei den Firmen ganz unterschiedlich. Neu galt, dass Quartalsabschlüsse zu erstellen und zu rapportieren waren. Sie waren die Grundlage für die Quartalsgespräche, die mit dem Geschäftsführer durchgeführt wurden.

Neu mussten auch **Forecasts** für das laufende und ein **Budget** für das Folgejahr erstellt werden. Diese Finanzplanungen beschränkten sich jedoch auf ein notwendiges Minimum und waren kaum vergleichbar mit üblichen Forecasts/Budgets, wie man es sonst aus Konzernen kennt.

Die **Finanz- und Lohnbuchhaltung** wurde ebenfalls umgestellt. Oft hatten die kleinen Firmen zuvor einen Treuhänder, der die Buchhaltung geführt hatte. Dieser wurde ab Tag 1 abgelöst. Die Buchhaltung wurde dann in der konzerneigenen Buchhaltungssoftware geführt. Dies war aber nicht gleichbedeutend, dass etwaige lokale im Unternehmen angestellte Buchhalter oder Personalfachpersonen ihren Job verloren. Stattdessen konnten sie weiterarbeiten, nun allerdings auf einer neuen Software sowie fachlich geführt durch die zentralen Dienste der Firmengruppe.

Innerhalb der ersten sechs Monate wurde die **IT-Infrastruktur** gegen den Konzernstandard ausgetauscht. Außerdem wurde ein neues ERP eingeführt. Dies bedurfte einiger Umgewöhnung für den lokalen Nutzer, eröffnete aber auch ganz neue Möglichkeiten in der Automatisierung von Prozessen und den Zugriff auf weitere Informationen.

Einkauf: Hier konnten große Synergien realisiert werden. Dies galt beim zentralen Einkauf von Waren/Material, bei Versicherungen und beim Flottenmanagement.

Marketing: Mit der Integration in den Konzern konnte man auch auf die zentralen Dienstleistungen im Bereich *Marketing* zurückgreifen. Das war eine weitere Entlastung für die lokalen Firmen.

Rechtsdienst: Im Fall von Rechtsfragen konnte man nun auf den zentralen Rechtsdienst zurückgreifen.

Andere Aufgaben wurden indes weiterhin lokal erledigt:

- Empfang/Telefondienst/Assistenz
- Angebotserstellung/Offertwesen
- Fakturierung
- Kreditorenerfassung
- Stammdatenpflege

Was kam für den ehemaligen Inhaber neu an Aufgaben hinzu?
Vorweg sei erwähnt: Der Verkauf und der damit verbundene Wechsel in eine Firmengruppe ist vor allem für den ehemaligen Inhaber ein ziemlicher Kulturschock. Deshalb war es in dem ganzen Kaufprozess notwendig, dem Unternehmer transparent und detailliert aufzuzeigen, was nach dem Verkauf genau passieren würde. So war er bestmöglich vorbereitet.

Neben diversen Regionalmeetings und anderen Anlässen, die der ehemalige Inhaber zu besuchen und sich einzubringen hatte, gab es Quartalsgespräche mit dem CEO und dem CFO der Firmengruppe. Solange die Zahlen stimmten und die Zielerreichung auf Kurs war, gab es keinen Grund, von Gruppenseite aus einzugreifen.

Schlusswort

Und? Wie geht es Ihnen jetzt, nachdem Sie all diese Informationen an der Hand und vielleicht schon zu einem guten Teil reflektiert haben? Welche Gedanken und Gefühle sind Ihnen während des Lesens gekommen? Welcher Eindruck überwiegt?

Vielleicht: »Das ist mir alles zu viel. Das schaffe ich nicht«?

Oder vielmehr die Überzeugung: »Ja, das hört sich nach einer Menge Arbeit an. Doch mit den richtigen Partnern und meinem neuen Wissen aus diesem Buch werde ich es Schritt für Schritt schaffen!«?

Mein Tipp: Schreiben Sie Ihre aktuellen Gedanken und Gefühle auf. Denn allzu schnell vergessen wir diese spontanen Impulse und Eingebungen, wenn uns der Unternehmensalltag erst einmal wieder im Griff hat.

In jedem Fall hoffe ich, dass ich Ihnen mit dem vorliegenden Material eine umfassende Entscheidungsgrundlage liefern konnte. Denn eines ist klar: Ihr Unternehmen ist Ihr Zögling, Ihr Kind. Sie hatten damals eine Vision, einen Ursprungsfunken, der zur Gründung geführt hat – oder zur Übernahme, wenn das Unternehmen bereits vor Ihrem Eintritt bestand.

Welche Entscheidung passt nun, zu diesem Zeitpunkt, am besten zu Ihnen und Ihrem Unternehmen? Das können nur Sie allein entscheiden. Holen Sie sich den nötigen Rat, tauschen Sie sich mit anderen Menschen und Experten gründlich über das Thema aus, spielen Sie verschiedene Varianten auf dem Papier durch – und vertrauen Sie letztlich auch Ihrem Gefühl. Es wird Ihnen den richtigen Weg weisen.

Mit allen guten Wünschen
Christian Ahr

Dank

Dieses Buch wäre nie entstanden ohne die Bereitschaft von Unternehmern, die ihr Unternehmen verkauft haben, ihre persönliche Geschichte des Verkaufs zu erzählen. Dabei sind sie noch einmal Jahre nach dem Verkauf ihres Unternehmens auch emotional zurückgegangen in diese für sie aufregende Zeit. Ohne sie wäre das Buch nicht das, was es nun ist. An sie geht mein ganz besonderer Dank. Sie möchten zum Teil mit ihrer Story lieber anonym bleiben, weshalb ich sie hier nicht namentlich nenne.

Mein Dank geht ebenso an Thomas Eulau, Dr. Stephan Werlen, Juraj Janos und Patrick Schaub für die fachlichen Ergänzungen, sowie an Roland Roth für seine kritische Durchsicht.

Für den letzten Feinschliff danke ich Gerhard Wendl für das Lektorat sowie Karen Christine Angermayer für ihre professionelle Unterstützung in der Finalisierung dieses Buches.

Abkürzungen und Begriffsdefinitionen

Asset Deal	Verkauf von einzelnen Vermögenswerten einer Kapitalgesellschaft oder einer Personengesellschaft. Der Käufer kauft Teile des zu übernehmenden Unternehmens, z. B. Arbeitsverträge, Mietverträge, Kundenbeziehungen, Lieferantenbeziehungen, Sachanlagen, Internetseiten mit Domainnamen und Patente. Das Unternehmen bleibt weiterhin im Besitz des alten Eigentümers.
Break-up Fee	Zuvor vereinbarter Betrag, der fällig wird, wenn die Vertragsverhandlungen aus Gründen scheitern, die entweder der Verkäufer oder der potenzielle Käufer zu verantworten hat. Es ist eine Art Strafe für den mutwilligen Verhandlungsabbruch.
Bridge	Überleitung, z. B. von steueroptimierten Abschlusszahlen einer revidierten Jahresrechnung hin zu einer Erfolgsrechnung, welche die operative Performance eines Unternehmens darstellt.
Broker	Vermittler/Zwischenhändler

BU/NBU	Betriebsunfall/Nichtbetriebsunfall
Buy Side	Käuferseite in einem M&A-Prozess
Closing	Zeitpunkt, zu dem sämtliche im SPA aufgeführten Vollzugsbedingungen sowohl vom Käufer als auch Verkäufer erfüllt worden sind. Es erfolgt die Übergabe der Aktien durch den Verkäufer an den Käufer direkt nach erfolgter Überweisung des Kaufpreises.
Compliance	Kann mit Rechtstreue bzw. Regelkonformität übersetzt werden. Inhaltlich wird hierunter die Pflicht der Geschäftsleitung / des Vorstandes verstanden, die Einhaltung von Gesetzen und bindender Bestimmungen im Unternehmen sicherzustellen.
Deal Breaker	Bestimmte Verhandlungspunkte, die zu einem Abbruch der Transaktion führen können. Strittige Punkte sind vorwiegend Earn-Out-Regelungen, Käuferhaftung (Kenntnisstand des Käufers über allfällige »Leichen im Keller«, Höchstbetrag für die Haftung, Verjährung der Haftung), Gewährleistungsbestimmungen (im Grundsatz möchte der Käufer umfangreiche Gewährleistungen, wobei der Verkäufer

möglichst wenige Gewährleistungen zugestehen will), mögliche Rücktrittsklauseln für den Käufer u. v. m.

Diskontierung — Abzinsung; ist eine Berechnungsmethode zur Ermittlung des Werts einer zukünftigen Zahlung zum aktuellen Zeitpunkt. Im M&A-Kontext werden bei der Bewertung eines Unternehmens zukünftige Gewinne mit einem Zins (häufig der WACC) abgezinst, da zukünftige Erträge in Zeiten von Inflation einen tieferen Wert haben als gegenwärtige.

Due Diligence (DD) — bedeutet sinngemäß übersetzt die »im Verkehr gebotene Sorgfalt«. Es ist eine umfangreiche Prüfung, die beim Kauf von Unternehmen und Unternehmensbeteiligungen durch den Käufer durchgeführt wird. DD-Prüfungen analysieren Stärken und Schwächen des Kaufobjekts sowie die entsprechenden Risiken und spielen daher eine wichtige Rolle bei der Wertfindung bzw. Kaufpreisbestimmung.

Käufer und Verkäufer vereinbaren Zeitraum und Umfang für die Prüfung. Es werden in der Regel externe Berater (Steuerberater, Anwälte, Wirtschaftsprüfer etc.) zurate gezogen.

Earn Out	Zurückbehaltener Betrag des Kaufpreises, dessen spätere Auszahlung an bestimmte Bedingungen geknüpft ist (z. B. Umsatzhöhe). Es dient der Risikominimierung für den Käufer, dass nicht direkt nach der Übernahme des Verkäufers die Zahlen markant schlechter werden.
EBIT	Earnings before Interest and Taxes, entspricht dem operativen Gewinn.
EBIT-Multiple	siehe Multiple
EBITDA	Earnings before Interest, Taxes, Depreciation and Amortisation, entspricht dem operativen Gewinn ohne Berücksichtigung der Abschreibungen.
EBT	Earnings before Taxes, Gewinn vor Steuern
ERP	Enterprise Resource Planning
Free-Cash-Flow	Operativer Einzahlungsüberschuss nach getätigten Investitionen.
FTE	Full Time Equivalents, Vollzeitäquivalent.
HR	Human Ressources

Info Memorandum	Dokument, das im Rahmen eines Unternehmensverkaufs potenziellen Käufern zu Informationszwecken zur Verfügung gestellt wird. Es soll einen Überblick über das zum Verkauf stehende Unternehmen bieten.
KMU	Kleinere und Mittlere Unternehmen, gebräuchlicher Begriff in der Schweiz für Unternehmen mit weniger als 250 Mitarbeitern und einem Umsatz von maximal 50 Mio. CHF. Kleinunternehmen haben weniger als 10 Mitarbeiter bei einem Umsatz von maximal 2 Mio. CHF (vgl. auch mit »Mittelstand«).
Longlist	Eine noch lange, ungefilterte Liste mit möglichen Targets, entweder potenzielle Käufer oder Verkäufer, je nachdem, ob man selbst ein Unternehmen verkaufen oder kaufen möchte.
M&A	Mergers (Zusammenschlüsse) & Acquisitions (Käufe)
Mittelstand	Gebräuchlicher Begriff in Deutschland. Zum Mittelstand zählen hier Unternehmen mit bis zu 500 Mitarbeitern und einem Umsatz bis zu 500 Millionen Euro.

Multiple	Multiplikator, mit dem man eine Gewinngröße (häufig EBIT oder EBITDA) multipliziert, um einen Kaufpreis zu ermitteln. Die Höhe des Multiplikators zeigt auf, zu welchen Preisen andere Deals abgeschlossen wurden. Er ist abhängig von der Branche und der Unternehmensgröße. Kleinere Unternehmen haben häufig einen kleineren Multiplikator im Vergleich zu großen Transaktionen.
NDA	Non-Disclosure Agreement = Geheimhaltungsvereinbarung
Nearshoring	Auslagerung von betrieblichen Tätigkeiten in ein vergleichsweise nah gelegenes Land
Non-Binding Offer	Unverbindliches Angebot oder auch indikatives Kaufangebot genannt. Es ist eine Absichtserklärung, mit der ein potenzieller Käufer sein Interesse am Kauf eines Unternehmens bekräftigt, indem er zu den wichtigsten Parametern dieser Transaktion Stellung bezieht. Die Parameter sind u. a. der Kaufpreis, Modalitäten der Transaktion, Termine.

NOPAT	Net Operating Profit After Tax, Gewinn nach Steuern
Red Flag DD	Eine *Red Flag Due Diligence* fokussiert sich auf wesentliche Stolpersteine im Sinne von Deal-Breakern. Diese sollen möglichst früh identifiziert werden, um schnell eine Go oder No-Go Entscheidung in einem frühen Prozessstadium fällen zu können. Dem gegenüber steht die *Full-Scope Due Diligence*, die wesentlich umfangreicher ist, aber nicht in jedem Fall von den potenziellen Käufern durchgeführt wird.
Revisor	Wirtschaftsprüfer
Share Deal	Verkauf einer Kapitalgesellschaft. Der Käufer kauft die Aktien einer Aktiengesellschaft oder die Stammanteile einer GmbH. Es wird die ganze wirtschaftliche Einheit, d. h. mit allen Aktiva (Bankkonti, flüssige Mittel, Debitoren, Anlagevermögen etc.) und Passiva (Kreditoren, Darlehen, Eigenkapital etc.) sowie mit den bestehenden Rechtsverhältnissen an den neuen Eigentümer übertragen.
Sell Side	Verkäufer-Seite in einem M&A-Prozess

Shortlist	Eine bereits überarbeitete und gekürzte Longlist
Signing	Zeitpunkt, an dem das SPA unterzeichnet wird.
SPA	Share Purchase Agreement, gleichzusetzen mit dem Kaufvertrag
Teaser	Kurzes, anonym gehaltenes Dokument, welches das zu verkaufende Unternehmen und sein Umfeld präsentiert.
Term Sheet	Enthält die Eckpunkte eines Non-Binding Offer. Es wird in der Regel informell und punktuell verfasst, um die Bedingungen festzulegen, denen sowohl Käufer als auch Verkäufer zu Beginn eines M&A-Prozesses grundsätzlich zustimmen.
Verwaltungsrat	Der Verwaltungsrat ist ein Leitungs- und Überwachungsorgan, während der Aufsichtsrat im Allgemeinen ein reines Überwachungsorgan ist. Der Schweizer Verwaltungsrat ist demnach eine Institution, welche Elemente des deutschen Vorstands und Aufsichtsrats miteinander vereint.Verwaltungsratpräsident (VRP) Übernimmt die organisatorische

Leitungsrolle im Verwaltungsrat und stellt eine reibungslose Zusammenarbeit zwischen VR und Geschäftsleitung sicher.

WACC

Die *Weighted Average Cost of Capital* sind die gewichteten durchschnittlichen Kapitalkosten eines Unternehmens. Vereinfacht gesagt, spiegelt der WACC die durchschnittlichen Verzinsungsansprüche von Eigenkapital- und Fremdkapitalgebern auf ihr eingesetztes Kapital wider. Es ist ein theoretischer Zins. Während der Zins (von Teilen) des Fremdkapitals bekannt ist, ist hingegen selten ganz konkret bekannt, welche Zinsansprüche die Eigentümer haben. Der WACC wird verwendet, um die Risiken und die Wirtschaftlichkeit eines Unternehmens zu bewerten. Bei einer Unternehmensbewertung ist der WACC jener Zins, mit dem zukünftige Gewinne abgezinst werden.

Literatur

Berner, W. (2017). Systemische Post-Merger-Integration – Dem Culture Clash zuvorkommen und Unternehmenskulturen wirklich integrieren, Schäffer Poeschel, Stuttgart.

Eling, M., Pankoke, D. (2013). Deutscher Aufsichtsrat versus Schweizer Verwaltungsrat – Systematischer Abgleich und Evaluation der zentralen Kontroll- und Leitungsgremien im deutschsprachigen Versicherungsbereich – Working Papers on Risk Management and Insurance No. 136, Universität St. Gallen.

Klein, A., Dr. Sasse; A., Jaburg, A. (2019). Der Controlling-Berater Band 58: Unternehmensbewertung und M&A – Prozesse, Werkzeuge und Soft Factors, Haufe, Freiburg Seite 157 ff.

Kuckertz A., Middelberg N., (2016). Post-Merger Integration im Mittelstand – Kompendium für Unternehmer, SpringerGabler, Wiesbaden.

Schnee-Gronauer, A., Schnee-Gronauer, B. (2017). Unternehmensverkauf – Anleitung und Planungshilfen für kleinere und mittlere Unternehmen, Haufe, Freiburg.

Ulrich, R. (2018). Carve-outs, Mergers & Acquisitions, Post Merger Integration, Frankfurter Allgemeine, Frankfurt.

Wegmann, J., Siebert, H. (2020). Unternehmensverkauf – Leitfaden für kleine und mittlere Unternehmen, SpringerGabler, Wiesbaden.

Internetquellen

Anwaltsvergleich – Dispositives Recht für abweichende Regelungen. Online abrufbar unter: https://www.anwaltvergleich.ch/ratgeber/dispositives-recht-fur-abweichende-regelungen/10517 – besucht am 09.03.23.

Kutz, David (2021). Signing und Closing – Wo liegt der Unterschied. Online abrufbar unter: https://nachfolge.de/verkauf/signing-und-closing-wo-liegt-der-unterschied – besucht am 19.10.22.

Institut für Unternehmensverkauf. Online abrufbar unter: https://institut-unternehmensverkauf.de/wissen/brutto-und-nettokaufpreis – besucht am 10.03.23.

Investopedia. How Net Debt Is Calculated and Why It Matters to a Company. Online abrufbar unter: https://www.investopedia.com/terms/n/netdebt.asp – besucht am 08.03.23.

Wissensportal – die grösste Informationsplattform der Schweiz zum Thema KMU-Nachfolge. Online abrufbar unter: https://businesstransaction.ch/wissensportal – besucht am 06.12.22.

Zeitschrift »Erfolg«, Ausgabe 11/12 2020, Seite 47: Unternehmensnachfolge: Wer sind die Käufer? Artikel von businesstransaction.ch, Verfasser unbekannt.

Zum Autor

Christian Ahr ist CFO on demand, M&A Companion und Dozent. Er unterstützt Firmen bei strategischen Projekten und berät Inhaber im gesamten Prozess des Unternehmensverkaufs.

Er war als Controller und CFO sowohl in inhabergeführten KMUs als auch in internationalen Konzernen tätig. 2005 gründete er zwischenzeitlich ein Start-up.

Er hat umfangreiche M&A-Erfahrung entlang der gesamten Transaktionskette: finanzielle Bewertung von Deals, Vertragsverhandlungen, Projektleiter in *Due Diligences* und *Post Merger Integrations* sowie Berater von *Private-Equity*-Investoren mit Dealgrößen bis 100 Millionen CHF. Dabei war er in engem Dialog mit allen Stakeholdern eines Deals und weiß, wie diese ticken (Unternehmensinhaber, CEOs, Geschäftsleitung und Verwaltungsrat, M&A-Anwälte und Berater).

Er studierte Wirtschafts- und Sozialwissenschaften an den Universitäten Fribourg und Bern und absolvierte Weiterbildungen u. a. in INSEAD zum Thema digitale Disruption und systemische Organisationsberatung bei Hephaistos. Zudem ist er ausgebildeter Trainer und Coach.

Kontakt:

Christian Ahr
Im Klee 13
5000 Aarau
Schweiz
www.christianahr.com
info@christianahr.com

Weitere Publikationen des Verlags

»Erfolg und Verantwortung bedingen einander auf vielfältige Weise. Sie sind wie Zwillinge, die nur vollständig scheinen, wenn sie gemeinsam auftreten.«

Udo Gast
Erfolg braucht Verantwortung
Betriebswirtschaft hat abgewirtschaftet
288 Seiten
Mentoren-Media-Verlag
ISBN: 978-3-98641-038-4
€ 24,95 [DE]

In den letzten Jahren stellen Unternehmer immer wieder fest, wie verwundbar sie sind und wie schlecht sie sich auf Ausnahmesituationen vorbereitet haben. Umsätze gehen zurück, Mitarbeiter verlieren ihren Job und damit ihre Existenzgrundlage. Der gewohnte Erfolg bleibt aus. Andererseits zögern viele Menschen aber auch, sich auf das Abenteuer Selbstständigkeit einzulassen. Der zentrale Aspekt für persönlichen und unternehmerischen Erfolg ist das Thema »Verantwortung«.

Doch wo beginnen Sie mit Veränderungen und wie gehen Sie dabei konkret vor? Zahlreiche Beispiele aus der Unternehmerpraxis, Checklisten und Arbeitsblätter unterstützen Sie bei der Umsetzung. Aus zahlreichen Interviews mit erfolgreichen Persönlichkeiten sind die wertvollsten Erkenntnisse miteingeflossen.

» Die Frage ist längst nicht mehr, ob wir uns verändern müssen, sondern: Wie schnell sind wir dabei? Und wie können wir die Zukunft so gestalten, dass sie besser und leichter für uns alle wird? «

Dirk Stöcker
Die Verkaufsevolution
Die Macht der Emotionalität im digitalen Zeitalter
236 Seiten
Mentoren-Media-Verlag
ISBN: 978-3-98641-051-3
€ 24,95 [DE]

Vermutlich hast du bereits erkannt, dass du mit deinen bisherigen Verkaufsmethoden nicht dein volles Potenzial ausgereizt und darum nicht das Geld verdient hast, das du hättest verdienen können. Vielleicht haben aber auch Deine Verkaufsgespräche nicht die Leichtigkeit, die sie haben könnten. In den letzten Jahren hat sich die Erwartung der Kunden an Verkäufer fundamental verändert. Der Standard-Verkäufer ist heute zum Scheitern verurteilt und das digitale Zeitalter sorgt zudem für zusätzliche Herausforderungen.

Dirk Stöcker zeigt dir in seinem Buch, wie du eine tiefe Vertrauensbasis zu deinen Kunden herstellst und herausfindest, was sie wirklich brauchen. Er hilft dir, alte Denkmuster abzubauen und vermittelt dir eine Menge an Verkaufstechniken, die dich in diesem neuen Zeitalter garantiert erfolgreich machen. Das funktioniert im persönlichen Gespräch sowie am Telefon oder in Video-Calls. In diesem Buch erwarten dich wertvolle Gesprächsstrukturen, die Anwendung von Verkaufspsychologie und Tipps für die richtige Vorbereitung, Einwandbehandlung sowie Verkaufsabschlüsse.

»Wir bereiten uns auf alles vor, doch wenn wir über jenen Abschnitt unseres Lebens sprechen, der – im besten Fall – der längste unseres Lebens ist, lassen wir uns in der Regel treiben.«

Britta von der Linden
Ruhestand ist nichts für Anfänger
Tipps und Empfehlungen für
Ihre spannende Zeit nach dem Berufsleben
236 Seiten
Telemach-Verlag
ISBN: 978-3-98641-012-4
€ 24,95 [DE]

Mit dem Ruhestand beginnt der dritte große Lebensabschnitt und damit auch die vermutlich spannendste Lebensphase. Sämtliche Erfahrungen, die wir während unserer Kindheit und Jugendjahre sowie in unserem Berufsleben sammeln konnten, können wir nun in diesem Lebensabschnitt integrieren.

Wenn Sie alles richtig anstellen, dann beginnt nun Ihre vermutlich beste Zeit Ihres Lebens. Doch das ist einfacher gesagt, als es sich umsetzen lässt. Britta von der Linden unterstützt Sie Schritt für Schritt dabei, Ihren Ruhestand zu planen, die neu gewonnene Zeit sinnvoll und erfüllend zu nutzen, und hilft Ihnen, eine Struktur für diesen neuen Lebensabschnitt zu schaffen.

»Im täglichen Hamsterrad des Tuns verlieren wir uns. Die Zeit für Einkehr und Innenschau nehmen wir uns nicht. Jeden Tag schauen wir auf unsere To-Do-Listen und haben das Gefühl, das Leben ist eine unendliche Anstrengung.«

Michael Biedenbach
Hilfe, ich kann nicht mehr abschalten!
Die acht Schlüssel zum Erfolg mit Herz
228 Seiten
Telemach-Verlag
ISBN: 978-3-98641-015-5
€ 17,95 [DE]

Dieses Buch hilft dem Gesundheitsrisiko Nr.1 des 21. Jahrhunderts (nach Ansicht der WHO) zu begegnen: Stress. Es liefert Techniken und Tipps gegen Stress und schafft das nötige Bewusstsein, wie du künftig wieder abschalten kannst. Michael Biedenbach stellt dir acht Erfolgsschlüssel vor, die dir zu einem glücklichen und erfüllten Leben verhelfen, trotz eines intensiven und aufreibenden Jobs.

Die Erkenntnisse zu den acht Schlüsseln werden ergänzt durch Erfolgsinterviews, die der Autor mit der Golflegende Frank Adamowicz, der PR-Expertin und Promi-Coach Jane Uhlig, dem Promi-Personaltrainer Ralf Ohrmann, dem Project Manager bei younity Yann Weibel und dem Ex-Fußball- und Bundesliga-Profi Thomas Sobotzik führte.